わかりやすい防衛テクノロジー

軍用レーダー

井上孝司　著
Koji Inoue

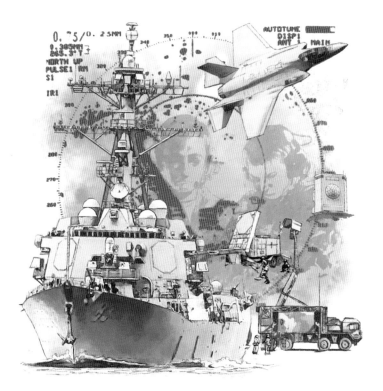

イカロス出版

JN073531

人間の目玉は、太陽などの光源がなければ何も見えない。そのため、暗闇では役に立たないし、悪天候で視界が悪くなったときには見える範囲や対象が制約される。そして、対象物が小さくなると視認が困難あるいは不可能になる

人の視力の限界を超えた
探知手段

ので、遠距離の探知にも向かない。それを多少なりとも解決するのが、レンズによって光学的に対象物を拡大する望遠鏡や双眼鏡だが、これとて限りはある。

ところが、電波を使用するレーダーは事情が

異なる。電波を送受信して、受信した反射波に基づき距離と方位を割り出す技術があれば、昼夜・天候を問わない監視手段を実現できる。そして、見通せる範囲は目視に比べると大幅に広い。そのため、24時間フルタイムで遠距離まで監視するには最適の手段となる。このことは、空中を高速で接近してくる経空脅威、つまり航空機やミサイルに対する警戒において、特に有用性が高い。空の護りを実現するために、レーダーは不可欠のツールである。

陸・海・空でひろがる軍用レーダーの用途

　最初の軍用レーダーは、空と水上の監視からスタートした。

　対空監視の双璧は、陸上に固定式のレーダーを設置しておこなう国土防空のための警戒監視と、洋上で敵機を探知するための警戒監視。第二次世界大戦が終わると、より広い覆域を求めて、監視レーダー搭載の航空機、すなわち早期警戒機が登場した。

　一方、対水上監視とは、近隣を行き交う他の艦船との衝突防止や、海戦に際しての敵艦の捜索・発見が目的。昼夜・天候を問わずに捜索・探知をおこなえるレーダーの利点は、第二次世界大戦以降の海戦でも有用性を発揮している。

　電子技術が進化すると、戦闘機へのレーダー搭載が一般化した。それをレーダー誘導のミサイルと組み合わせることで、昼夜・天候を問わない交戦が可能になる。また、探知が困難な小型・低速の小型無人機に対処するのは昨今の重要課題だが、これもレーダー技術の進化によって実現可能になった。

　自己位置を知るために眼下の地形を調べるレーダーもある。昔は「地面」と「川・湖・海」の区別がつけば御の字だったが、レーダーやコンピュータ技術の進歩により、今は精細なレーダー映像を得られる。

Toshiharu Suzusaki

対空監視レーダー
J/FPS-5

Saab AB

対空監視レーダー
Giraffe 1X

1 航海用レーダーのPPI映像 2 ガラパゴス諸島の衛星SAR映像

Royal Canadian Navy

対空監視レーダー
AN/APY-9

USAF

射撃管制レーダー
AN/APG-68（V）5

ミサイル誘導レーダー

US Navy

水上監視レーダー

航海用レーダー

ミサイル誘導レーダー

多機能レーダー
AN/SPY-6(V)

●電磁波の名称と電波の活用

図は、上にいくほど波長が長く、周波数が低い。
下に行くほど周波数が高く、波長が短い。

極超長波 ULF (Ultra Low Frequency)
波長：100 km以上　周波数：3 kHz以下　使用例：潜水艦への指令送信

超長波 VLF (Very Low Frequency)
波長：10～100 km　周波数：3～30 kHz　使用例：潜水艦との通信

長波 LF (Low Frequency)
波長：1～10 km　周波数：30～300 kHz　使用例：標準周波数局、船舶・航空機用ビーコン、世界の一部地域のラジオ放送

中波 MF (Medium Frequency)
波長：0.1～1 km　周波数：0.3～3 MHz　使用例：AM放送、船舶無線、船舶・航空機用ビーコン、アマチュア無線

短波 HF (High Frequency)
波長：10～100 m　周波数：3～30 MHz　使用例：航空・船舶無線、短波放送、海外向けラジオ放送、アマチュア無線

超短波 メートル波 VHF (Very High Frequency)
波長：1～10 m　周波数：30～300 MHz　使用例：一部のレーダー、航空・防災無線、FM放送、アマチュア無線

極超短波 デシメートル波 UHF (Ultra High Frequency)
波長：0.1～1 m　周波数：0.3～3 GHz　使用例：レーダー、電子レンジ、地デジ、携帯電話、無線LAN、アマチュア無線

センチメートル波 SHF (Super High Frequency)
波長：1～10 cm　周波数：3～30 GHz　使用例：軍用レーダー、衛星通信、衛星放送　※狭義の「マイクロ波」

ミリ波 EHF (Extra High Frequency)
波長：1～10 mm　周波数：30～300 GHz　使用例：自動車衝突防止レーダー、簡易無線、電波望遠鏡

サブミリ波
波長：0.1～1 mm　周波数：0.3～3 THz　使用例：非破壊検査、電波望遠鏡

電波

マイクロ波

レーダーでの使用が多い周波数帯

赤外線

可視光線

紫外線

光

エックス線

電離放射線

ガンマ線

　レーダーで使用する電波は、「光」や「エックス線」と同じ「電磁波」だ。空間を光の速さで進み、波のような性質を持っている。電磁波のうち周波数が3テラヘルツ（THz）以下、波長が0.1ミリメートル（mm）以上のものを「電波」と呼ぶ。電波は周波数によって性質が異なるので、「周波数帯」（バンド）で区切られ、それぞれに名前が付いている。
　レーダーで主に用いられるのは、「ミリ波」から「UHF」までの直進性の強い電波だ。一般に、波長が長い電波は遠くまで届きやすく、周波数の高い電波は解像度に優れる。
　なお、無線通信にも電波は用いられるが、レーダーとは使い方が異なる。レーダーが電波を受信してその発信元（反射源）を見つけるのに対し、無線通信では受信した電波から周波数や振幅の変調を読み取り、音声やデータに変換して再生する。
　周波数の単位ヘルツ（Hz）は、1秒間に電波のプラスとマイナスが入れ替わる回数（1秒間に電波が作る波の個数）を示す。周波数と反比例の関係にあるのが波長で、ある波と次の波の距離を示す。その式は〈周波数×波長＝30万キロメートル〉となる。

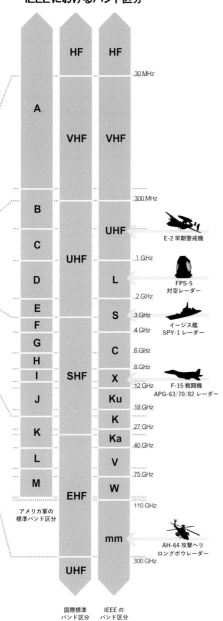

アメリカ軍、国際標準、IEEEにおけるバンド区分

E-2 早期警戒機

FPS-5
対空レーダー

イージス艦
SPY-1 レーダー

F-15 戦闘機
APG-63/70/82 レーダー

AH-64 攻撃ヘリ
ロングボウレーダー

アメリカ軍の
標準バンド区分

国際標準
バンド区分

IEEEの
バンド区分

※IEEE＝電気電子技術者協会（米）

軍用レーダーで使用する電波

　レーダー探知に使用する電波の周波数の選択は、かなりの部分、レーダーの能力や実現可能性を決めてしまう。広域捜索なら探知距離の長さが求められるので、周波数は低めになる。逆に、高い精度が求められる用途、たとえば射撃指揮やミサイルの誘導なら、周波数は高めになる。

　一般的に、高い探知精度と長い探知距離を両立させるのは難しい仕事となる。ただし、電子デバイスやコンピュータ技術の進歩により、かつては実現できなかった性能を備えるレーダーが実用化した。特に、受信した反射波をコンピュータ処理する技術の出現は、精度や耐妨害能力の改善だけでなく、地表の凸凹を高精細の映像として得る技術の実現などにつながっている。

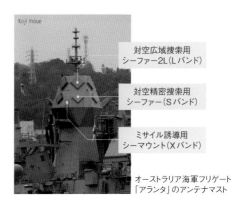

Koji Inoue

対空広域捜索用
シーファー2L（L バンド）

対空精密捜索用
シーファー（S バンド）

ミサイル誘導用
シーマウント（X バンド）

オーストラリア海軍フリゲート
「アランタ」のアンテナマスト

● IEEEの周波数帯区分	
HF	3～30MHz
VHF	30～300MHz
UHF	300MHz～1GHz
L	1～2GHz
S	2～4GHz
C	4～8GHz
X	8～12GHz
Ku	12～18GHz
K	18～27GHz
Ka	27～40GHz
V	40～75GHz
W	75～110GHz
mm	110～ GHz

● アメリカ軍の周波数帯区分	
A	～250MHz
B	250～500MHz
C	500MHz～1GHz
D	1～2GHz
E	2～3GHz
F	3～4GHz
G	4～6GHz
H	6～8GHz
I	8～10GHz
J	10～20GHz
K	20～40GHz
L	40～60GHz
M	60～100GHz

軍用レーダーに見られるアンテナ形式

レーダーが電波を飛ばしたり、反射波を受信したりするための装置が「アンテナ」(空中線)だ。アンテナの形状・構造によって、電波を送受信できる範囲、指向性の強弱、微弱な電波を受信する能力などが違ってくる。また、アンテナのサイズは使用する電波の周波数に影響される。周波数が低いと、一般的にアンテナは大がかりになる。だから、レーダー・アンテナの外見だけでも、そのレーダーの能力や性格付けを、ある程度は推し量ることができる。

このほか、全周捜索のために機械的にアンテナを動かすか、アンテナは固定式としてビームの向きだけ電子的に変えるか、という違いもある。もちろん後者の方が、広い範囲を迅速に捜索するには都合がいい。ただし、こうしたタイプのアンテナが多用されるようになったのは、比較的、最近の話。技術とコストがハードルになるからだ。

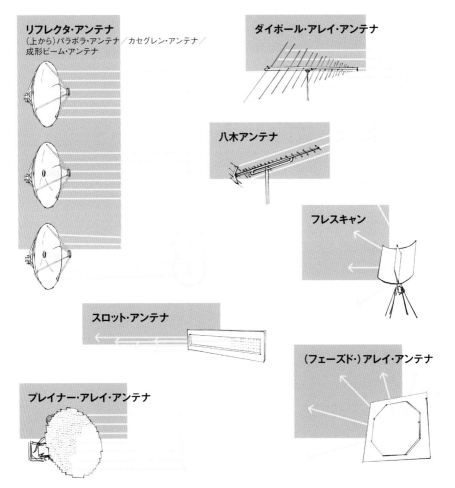

リフレクタ・アンテナ
(上から)パラボラ・アンテナ／カセグレン・アンテナ／成形ビーム・アンテナ

ダイポール・アレイ・アンテナ

八木アンテナ

フレスキャン

スロット・アンテナ

(フェーズド・)アレイ・アンテナ

プレイナー・アレイ・アンテナ

はじめに

　「わかりやすい防衛テクノロジー・シリーズ」の第一弾は「F-35とステルス」であった。ステルスとは「低観測性」を意味する言葉だが、何に対する低観測性かといえば、もちろんその中心はレーダーである。レーダーは日本語で「電波探知機」と訳される通り、電波を用いて探知を行うセンサーだ。

　もともと軍用として急速な発達を遂げてきたレーダー技術だが、現在では民間航空や船舶など、民間でもさまざまな分野で使われている。そして近年では、自動車の衝突防止・クルーズコントロールと関連して、先行車との距離を測るためにレーダーを搭載する事例も増えてきている。つまり、レーダーとは遠いようでいて案外と身近な技術でもある。

　そこで本書では、そのレーダーに関する話をまとめてみた。ただし「わかりやすい防衛テクノロジー・シリーズ」であるから、計算式は使わない。性能の計算をしてもらうことが目的ではなくて、「レーダーはこんな風に動作するのか」「レーダーはこんな構造なのか」ということを理解していただければ、と考えている。

　深く突っ込んだ技術的な話や、性能に関わる各種の計算式については、もっときちんと書かれた専門書がたくさんある。本書は、その手前の入門という位置付けだ。

2024年2月　井上孝司

目次 INDEX

第4部 レーダー vs 電子戦

第5部 レーダーと電子戦にまつわる四方山話

第1部
レーダーの基本

レーダーとは「電波の反射を用いて、
何らかの物体がいることを知るためのセンサー」である。
すると、電波の定義、電波の性質、そして電波を用いてレーダーという
機器を成立させるための構成要素、といった話は欠かせない。
第2部以降で取り上げる話に対する理解とも関わってくるので、
まずは電波とレーダーの基本に関する話から始めよう。

※1：ハインリヒ・ルドルフ・ヘルツ
電磁波の放射の存在を初めて実証した、ドイツの物理学者。1857年生まれ、1894年没。誘導コイルとアンテナを組み合わせた発信機と、コイルを用いた受信機を組み合わせ、受信機が電磁波を受信すると火花放電が起きる仕組みだった。

※2：電場と磁場
電場（電界）とは電磁気的な力のこと。身近なところでは、雷雲と地面の間に電場が形成される。一方、磁場（磁界）とは、電流によって形成される、磁力が作用する場のこと。いずれも、電圧がかかった物の周囲に発生する。この電場と磁場が相互に作用し合い、波として空間を伝わって行くのが電磁波。

※3：散乱、反射、回折
電磁波が伝搬する過程で、何かの物体に当たったときに発生する電波の動きを示す言葉。それぞれ、別の方向に散る、元の方向に戻って行く、物体の周囲から背後に回り込む、といった意味になる。

※4：屈折
電磁波が伝搬する過程で、何らかの事情によって別の方向に曲げられる現象。通常は直進するものだが、伝搬する媒質が途中で変わると、その境界で向きが変わることがある。

※5：干渉
電磁波同士がぶつかり、互いに影響し合う現象。無線通信であれば、干渉が起きると通信が不安定になるし、レーダーであれば、干渉が起きると探知が不確かになる。

電波で見つける

　ドイツ人のヘルツ[1]が電波の存在を実験で立証したのは、1888年のこと。それより前から有線での電気通信は行われていたが、電線という物理的な伝送媒体がなくても通信ができるということになれば、これは画期的なことである。そして、電波はまず、通信の手段として用いられるようになった。

周波数3テラヘルツ以下の電磁波

　「電波」とは「電磁波」の一種である。電磁波とは「電場と磁場[2]の変化を伝搬する波」という意味。そして、ついつい「電磁波＝電波」と思ってしまうが、そうではない。可視光線も赤外線も紫外線も電磁波の一種である。

　電磁波は波として伝搬するから「波長」と「周波数」という変数があり、前者は波のピークとピークの間隔、後者は1秒間における波の繰り返し数を意味する。その速度は光と同じ秒速30万kmで常に一定だから、周波数が高くなれば波長は短くなり、周波数が低くなれば波長は長くなる。

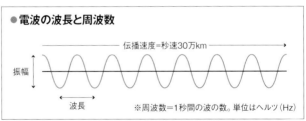

●電波の波長と周波数

電磁波は波として伝搬する。速度は一定なので、波の発生頻度（周波数）と波の間隔（波長）は反比例する

　そして、電磁波のうち周波数が1秒間に3兆回（3THz＝テラヘルツ）以下の電磁波を「電波」と呼ぶ。周波数と波長の違いにより、さらに細かい分類がなされている。電磁波が伝搬する際には、散乱、屈折、反射[3]、回折[4]、干渉[5]といった具合に、波としての性質を示す。これらの性質が、電波を用いる探知手段、すなわちレーダーとしての機能にも影響する。

反射源の距離と方位がわかる

さて、送信した電波が何かに当たって反射波が返ってきたとき（これを後方散乱という）、その反射波を受け止めると探知が成立する。送信から受信までの所要時間を2で割ると、送信した電波が探知目標に到達するまでの時間がわかるので、それと電波の速度（秒速30万km）に基づいて距離を計算できる。

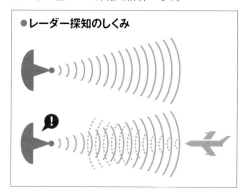

● レーダー探知のしくみ

レーダーが電波を出したとき、反射源がいなければ何も返ってこない（上）。しかし、反射源がいると反射された電波が戻ってきて、探知が成立する（下）

そこで、レーダーは基本的にパルス波、つまり間欠的な送信を行う。電波を瞬間的に送信して、反射波が戻ってくるかどうか聞き耳を立てて… というサイクルの繰り返しだ。探知距離が長くなると、その分だけ電波が往復するためにかかる時間も増えるので、それに合わせてパルスの間隔を空けなければならない。

たとえば、電波が100kmの距離を往復するのに要する時間は1,500分の1秒だが、500kmの距離を往復するのに要する時間は300分の1秒。つまり距離に比例して5倍に増える。すると、それに合わせて、聞き耳を立てるための待ち時間を増やす必要がある。その結果として、短距離用のレーダーは高頻度でパルスを送信できるが、長距離用のレーダーは低頻度でパルスを出さざるを得ない。この頻度を示す数字をパルス繰り返し数（PRF：Pulse Repetition Frequency）という。

では、方位はどうするかというと、送信・受信を行ったときのアンテナの向きから判断する。すると、特定の方向にだけ電波を出して、特定の方向から来た電波だけを受信するのでなければ、探知目標の方位を精確に割り出すことができないとわかる。したがって、レー

※6：航海用レーダー
軍民の艦船が、近隣の洋上にいる他の艦船などを探知するために用いるレーダー。軍用のレーダーと違い、探知目標が何者なのかを知るために誰何する必要性はなく、「誰かいるのか?」が分かることが重要。

ダーで使用するアンテナは高い指向性（特定の方向にだけ電波を出したり、受信したりする性質）が求められる。

こうした話をまとめると、「所要の能力を実現できる周波数の電波を」「十分に高い出力で生成できて」「パルスの送受信が可能」といった要件を満たせるデバイス（装置）がなければ、レーダーという機器は成立しないのだとわかる。

夜でも、悪天候でも

20世紀の初頭あたりから、電波が物体の探知に使えるのではないか、というアイデアが出てきた。つまり、送信した電波が何かに当たって反射すると、反射波が戻ってくる。それを受信できれば探知が成立する、という理屈だ。そして欧米では、船の探知などで実証試験を行った事例もあった。しかし、まだ電子デバイスが未成熟な時代のことで、アイデアを実際に形にしてみた、という域に留まっていたといえよう。

「電波を用いた物体の探知実験」の対象として船が選ばれたのは、おそらく、夜間あるいは悪天候といった視界不良環境下で、衝突などの事故が起きていたためであろう。今でも船には航海用レーダー※6が不可欠だ。

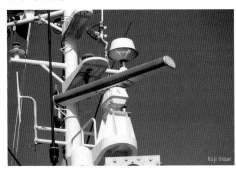

一般船舶の航海用レーダー。夜間や悪天候においても、周囲を航行する船の動向を把握しなければ、衝突事故が起きる

Koji Inoue

いっぽう、飛行機が初めて飛んだのは1903年の話である。その後、第一次世界大戦の間に飛行機の技術が急速に進歩して、「武器」としての有用性を確立した。すると今度は、優れた飛行機を開発・装備するだけでなく、敵の飛行機を排除する必要性も生じる。排除するためには、まず敵の飛行機がそこにいることを知らなければ

ならない。

　晴天・日中なら目視による探知が可能である。太陽光という光源があり、その光が敵機に当たって反射することで、人間の目玉はそれを「映像」として捉えることができる。ところが夜間には十分な光量を持つ光源がないし、天気が悪くなれば雲や雨が邪魔をする。

　しかし飛行機の技術は進歩しており、性能が向上したことで、夜間だろうが悪天候だろうが、敵機が飛んでくることになった。しかも速度はどんどん向上しているから、迎え撃つ側からすれば時間的余裕がなくなる。そこで「昼夜・天候に関係なく使えて、かつ人間の目玉よりも遠方まで見通せる探知手段はないか」というニーズが発生した。そこから、電波を用いる探知手段が着目され、各国で技術開発が行われることとなった。

　そして、ここから先は有名な話だが、1930年代のイギリスでは「電波を殺人光線として使えないか」と検討したところから「殺人光線としては無理があるが、飛行機の探知には使えるのではないか」という話になり、RDF(Radio Direction Finding)として結実した。それを探知手段として使い、さらに通信・指揮統制の仕組みを組み合わせることで、イギリスは防空システムの整備に成功、これが1940年夏の「バトル・オブ・ブリテン[7]」でイギリスがドイツ空軍による攻撃を凌ぎきる原動力となった。

　RDFはイギリス式の言い方だが、アメリカではRADAR(レーダー)という言葉が使われた。今では一般名詞化しているが、もともとは、Radio Detection And Ranging、つまり「電波を用いた探知と測距」という意味だ。そして結局、こちらの名称が定着して現在に至る。

防空任務と防空識別圏

　では、レーダーを活用する現代の防空任務は、どのように運用されているのか。

　平時の場合、空における主な活動は対領空侵犯措置[8]を指すと考えてよいだろう。読んで字のごとく、悪意あるいは敵意をもって自国の領空を侵犯しようとする航空機を発見・排除するのが目的である。

　なお、領空とは領土・領海の上空を指す。海に面した国家では、

※7：バトル・オブ・ブリテン
第二次世界大戦中の1940年後半に、ドイツ空軍がイギリスの軍や都市、工業基盤、港湾施設などを対象とする航空攻撃を実施、それをイギリス空軍が迎え撃った。その一連の航空戦を指す言葉。日本語訳は「英本土航空決戦」。

※8：対領空侵犯措置
平時に、自国の領空に正体不明の航空機が入り込まないようにする任務。レーダーによる監視と、正体不明機を捕捉した場合に戦闘機を発進させて退去を促したり随伴監視したりする活動で構成する。

海岸線から12海里（22.22km）の線を境界とする領海があり、その領海の上空が領空ということになる。上限については諸説があるが、一般的には宇宙空間は領空に含めない。

そして、航空機が他国の領空に入るときには、身元や出発地・目的地を明らかにした上で、許可を得て飛行している。民間の旅客機などが行っているのがこれである。

それに対して、正体不明・目的地不明のままで他国の領空に入り込もうとすれば、これは悪意を持った飛行だと判断されても当然であり、入り込まれる側からすれば阻止の対象となる。敵機、あるいはその他の正体不明機が侵入して自国に危害を及ぼす事態を防がなければならない。

これを達成するには、まず「発見」と「識別」が必要であり、そこで問題になるのが、防空識別圏（ADIZ：Air Defense Identification Zone）である。

陸上あるいは海上からの侵犯行為と異なり、航空機はスピードが速い。時速900kmで飛ぶ飛行機は1分間に15kmずつ進むから、領空ギリギリまで接近してから対処しようとしても間に合わない。意図的に侵犯行為を仕掛けるのであれば最高速度で突っ込んでくるだろうから、ことに相手が戦闘機なら、もっと速い可能性がある。

そこで、領空の外側にADIZを設定して、そこまでカバーできるようなレーダー網を整備する。それにより、ADIZとその手前の領空内を飛行する航空機の動向を常に監視する。もしも、自国の領空を侵犯する可能性がある正体不明機（いわゆるアンノウン機）を発見した場合には、戦闘機を緊急発進させて当該機と接触、正体を確認するとともに退去や針路の変更を求める。

注意しなければならないのは、ADIZは「識別圏」という名前の通り、あくまで脅威となる機体を「識別」するためのものという点。しつこく書くと、ADIZは領空の外側に設定するエリアであり、領空の拡大を意味するものではない。隣接する国同士でADIZが重複することもある。

だから、「防空識別圏」と書くべきところを、一部新聞記事の見出しのように「防空圏」と書くと、意味がまるで違ってしまう。実に困った省略である。

監視レーダーは見晴らしが命

　ADIZを設定したら、そのADIZを平時から継続的に監視して、そこを飛行する航空機の正体を識別するとともに、動向を監視する必要がある。それが「空の警戒監視」である。

　昔みたいに、地上に監視哨を設置して目視で対空監視を行う手も考えられないわけではない。しかし、目視できるぐらいに低い高度を飛んでいる飛行機で、かつ日中・晴天でなければ目視は難しい。だから、空の警戒監視ではレーダーが不可欠なものとなっている。

※9：中国海警局
中華人民共和国における海洋法執行機関、日本でいう海上保安庁に相当する。2018年の組織再編により、武装警察部隊の海洋部門となった。中国共産党中央と中央軍事委員会による集中統一指揮下にある。文中の事例は、2017年5月、尖閣諸島周辺の日本領海を航行中の中国海警船舶から小型の無人機が飛び立ち領空侵犯した件。

とある航空自衛隊のレーダーサイトに設置された対空レーダー。外観はいろいろあるが、見晴らしの良い場所にレーダーを設置するという基本は同じ

第二次世界大戦の頃までは、聴音機も使われていた。その名の通り、エンジンなどが発する音を聴知して敵機の飛来を知るデバイス。これはスウェーデン陸軍博物館の展示品

　ただし、地球は丸みを帯びているから、地上に設置したレーダーでは覆域（カバーできる範囲）が限られる。送信出力を上げて探知距離を長くとっても、電波は基本的に直進するものだから、水平線の下に隠れた範囲に何かいても探知できない。

　同じ距離でも、目標の高度が高くなれば探知できる可能性が高くなるが、意図的に領空侵犯を仕掛けようとする航空機なら、レーダー探知を避けるために低空で侵入してくる可能性が高い。このことは、尖閣諸島で領空侵犯した中国海警[※9]所属機の事例、あるいは函館

空港で発生したMiG-25強行着陸事件※10の事例から容易に理解できる。

その問題を緩和するには、レーダー・アンテナの設置位置を高くすればよい。だから、航空自衛隊が全国に展開している対空監視レーダーの拠点、つまりレーダーサイト※11は山の上に設けられていることが多い。できるだけ覆域を広く取ろうとしているからだ。しかし、山の上では高くするといっても限度があるし、都合のいい山がなければ話が始まらない。その点、E-2C、E-767、E-3といった航空機、いわゆる早期警戒機※12が搭載するレーダーの方が効果的である。世界最高峰のエベレストよりも高いところを飛べるからだ。

Koji Inoue

見通しがきくように、山の上にレーダーサイトを設置した例

USAF

レーダーを搭載する早期警戒機は、地上に設置したレーダーよりも広い範囲を監視できる。写真はNATO軍のE-3セントリー。円盤の中には監視用のレーダーや敵味方識別装置などを搭載している

電波の周波数と分解能

レーダーは、使用する電波の周波数が高くなると分解能※13が向上する(距離や方位を高い精度で把握できる)のに加えて、小さな目標を探知する能力が向上する。距離をどれだけ高い精度で把握できるか、を意味する言葉が「距離分解能」で、同じく方位については「方位分解能」という言葉がある。

電波の波長よりも小さい物体に電波が当たったときには、物体の

※10：MiG-25強行着陸事件
1976年9月6日に発生した亡命事件。ソ連空軍のヴィクトル・ベレンコ中尉が操縦するMiG-25戦闘機が、訓練飛行のために離陸した後で日本に向けて飛行、函館空港に強行着陸した。その過程で、航空自衛隊のレーダーがいったんは探知したものの、MiG-25が高度を下げたために失探。スクランブルに上がったF-4EJ戦闘機も同機を捉えられず、これが早期警戒機E-2ホークアイ導入の契機となった。

※11：レーダーサイト
監視用レーダーを設置した施設のこと。主に対空監視の分野で用いる用語。

※12：早期警戒機
空飛ぶレーダー基地。捜索レーダーを航空機に載せて高空を飛行させることで、地上に設置するよりも広い範囲をカバーできるようにしたもの。山岳地形などに起因する死角を避けられるメリットもある。

※13：分解能
レーダー用語で、探知目標までの距離について正確さを示す「距離分解能」と、探知目標の方位について正確さを示す「方位分解能」がある。

周囲から後方に向けて電波が回り込んでしまい、反射波が明瞭に戻って来ない。それでは探知が成立しない。だから、小さな目標を探知するには高い周波数の電波を用いるレーダーが欲しいし、細かい凸凹の違いを把握したいときにも事情は同様となる。

その一方で、周波数が高くなると電波が減衰しやすくなる性質がある。だから、長距離の探知は難しくなる。電波の周波数が低くなると、これらは逆になる。

したがって、レーダー機器の設計に際しては、用途に応じて適切な周波数を選定する必要がある。ときには、どの周波数を使用するかで関係者が激論を闘わせるようなことも起こる。

レーダーの用途いろいろ

先にも記したように、レーダーは「目視だけに頼れない状況下で、他の艦船や航空機を探知したい」というところから話が始まった。ところが実際にレーダーという機器がモノになってみると、さまざまな分野で応用されるようになった。そこで、「こんな用途のレーダーがある」という話を簡単にまとめておきたい。

対空レーダーと航空管制レーダー

レーダーが不可欠となっている用途が、対空用、すなわち空中の飛行物体を探知するためのレーダー。昼夜・天候を問わずに遠距離まで探知が可能であり、かつ、それが求められる分野でもある。

現代の軍事作戦において、空を制することは不可欠の要素だが、そうなると「敵に空を制圧されないように」との観点から、防空という任務が出現した。それを実現するには、まず敵機の所在・動向を掴まなければならないので、レーダーは不可欠のツールとなる。

民間分野でも、航空機による人やモノの輸送が一般化したことで、多数の航空機を安全に飛ばす必要が生じた。すると、飛行している航空機の所在・動向を掴む必要があり、やはりレーダーは不可欠なツールとなる。

※14：捕捉追尾
レーダーが、何かに当たって反射して戻ってきた電波を受信すると「捕捉」が成立する。それを連続的に行い、探知目標の動きを把握するのが「追尾」となる。捕捉だけでなく追尾まで行うことで初めて、探知目標の動きを知ることができる。

このほか、飛来する弾道ミサイルを捕捉追尾※14したり、宇宙空間を飛行している物体を捕捉追尾したりするレーダーもあるが、これらも広義の対空用といえるだろう。

対水上レーダー

　船乗りにとって、見張りは不可欠な仕事。異常接近や衝突を防ぐためには、周囲を航行している行合船の所在・動向を知る必要がある。しかし夜間には目視による見張りは成立しないし、灯火に頼ろうとしても限界がある。

　しかしレーダーの出現により、昼夜・天候を問わない監視が可能になった。対空用と違い、対水上用では水平線までの範囲をカバーできれば用が足りるので、探知距離の長さはさほど求められない。むしろ、精度の高さが重要になる。

Koji Inoue

英海軍の23型フリゲート「モントローズ」が搭載する1007型対水上レーダー（棒状の物体）。分解能を重視して高い周波数の電波を使うので、アンテナは小ぶり

陸上向けに使用するレーダー

　技術の進歩により、空中・洋上だけでなく陸上に対しても、レーダーを使用できるようになった。これは二種類の用途に大別できる。

　ひとつは、陸上にいる車両や人を捜索するためのレーダー。相手が小さい上に、背景には地べたや各種の地形・地勢、建物、植物などがあるのが普通だから、そうした背景からの電波反射と、本当に欲しい探知目標からの電波反射を選り分ける技術が必要になる。

　もうひとつが、地上・海上の映像を得るためのレーダー。第二次世界大戦中には、地面と海・川・湖の区別をつけて現在位置を知

るためのレーダーが使われたが、現在はもっと性能が上がっており、地表や海面の凸凹を、かなり高い精度で把握できる。つまり、地表の凸凹を映像として得られるレーダーがある。

射撃指揮レーダー

　砲の射撃を行う際には、目標を捕捉して精確に狙いをつける必要がある。目標が動いている場合には、さらに目標の針路・速力を把握する必要もある。撃った弾が到達する時点で目標がいるはずの場所を割り出して、そこに弾を撃ち込まなければならないからだ。

　そこで、「射撃のために目標を捕捉追尾するレーダー」が出現した。捜索は別の捜索レーダーに任せて、そこから得たデータに基づいて射撃指揮レーダー[15]を目標に指向、捕捉追尾するのが一般的な使い方。しかし戦闘機が搭載するレーダーは、捜索と捕捉追尾の機能を兼ねており、必要に応じてモードを切り替える。

　なお、射撃指揮とは何の関係もないが、航空機を着陸させる際に捕捉追尾して、正しい進入経路に乗っているかどうかを調べるレーダーもある。精確な捕捉追尾が必要になるところは、射撃指揮レーダーと似ている。だから、これらのレーダーは高い周波数の電波を使用する。

※15：射撃指揮レーダー
砲やミサイルを使用する際に、目標の捕捉追尾やミサイルの誘導に使用するレーダー。空では射撃管制レーダーというが、海ではなぜか射撃指揮レーダーという。

Koji Inoue

右上に見える白いお皿が、海上自衛隊の護衛艦で広く使われている「射撃指揮装置2型」のレーダー・アンテナ

ミサイル誘導レーダー

　その射撃指揮レーダーと関連する機能として、ミサイルの誘導がある。昼夜・天候を問わずに撃てるミサイルを実現するには、電波を誘

導に用いるのが確実だ。そこで、レーダーで目標を捉えて、そちらに向かう針路を算定・誘導するミサイルを作ればいい、という話になった。

ところが、小さなミサイルの中にレーダー装置一式を収めるのは簡単な仕事ではない（これをアクティブ・レーダー誘導という）。そのため、送信機は外に出して、ミサイルには受信機だけ搭載する形もある（これをセミアクティブ・レーダー誘導という）。後者の場合、外部に別立てで用意するミサイル誘導レーダーが目標を捕捉追尾して、誘導用の電波を当てる。するとそこから反射波が返ってくるので、ミサイルに組み込まれた受信機で受信して、誘導する形になる。

Koji Inoue

米海軍のタイコンデロガ級巡洋艦の上部構造物。変形八角形のアンテナは、"イージスの眼" AN/SPY-1レーダー。その上にふたつあるパラボラ・アンテナが、SM-2艦対空ミサイル誘導用のAN/SPG-62イルミネーター。左上にあるのは遠距離対空捜索用のAN/SPS-49（V）レーダー

気象観測用のレーダー

旅客機などが機首に気象レーダーを備えて、雨雲の探知に活用している話は知られている。また、雨雲の探知に使用するレーダーは地上設置のものもあり、天気予報などで活用している。

変わり種としては、突風探知用のドップラー・レーダーがある。その一例が、JR東日本が山形県の酒田に設置しているもの。これは直径2mのパラボラ・アンテナを使い、半径60kmの範囲をカバーできるという。

レーダーの構成機器とその機能

レーダーが何かを探知する（反射波が戻ってきて、それを受信す

る)。しかしそれだけでは、運用においては不十分だ。そのデータに基づいて「どこに探知目標がいるのか」を把握して、その情報を活用するところまでがワンセットである。すると、レーダーを実現するためにどういった機器が必要になるのか、レーダーの探知情報をどのように操作員に見せるか、などといった話が問題になる。

レーダーを構成する機器

レーダーを機能させるには、「電波のパルスを生成・送信する機能」「戻ってきた反射波を受信する機能」「そこから必要な情報を取り出す機能」が必要になる。また、一般的なレーダーはモノスタティック・レーダー[16]といって、送信と受信を同じアンテナで行うため、送信と受信を交互に切り替える仕組みも必要になる。

そこで一般的なレーダーの機器構成を図にすると、以下のような按配になる。

まず、信号処理部からトリガー信号[17]を出す。それに基づき、送受信部の変調部でパルス電圧[18]を発生させて、それがマグネトロン(磁電管)を制御する。

送信部のマグネトロンが中核で、これが強力なマイクロ波を発生させる役割を負っている。そのマイクロ波が送受信切り替え機能を介してアンテナに送られて、電波として送信される。アンテナにマイクロ波を伝える部材のことを導波管という。

送受信切り替え機能は、パルスを送信した後は受信に切り替えて

※16：モノスタティック・レーダー
送信機と受信機が一体になっていて、同じアンテナで送受信を切り替えながら作動するレーダーのこと。もっともポピュラーなレーダーの形態。

※17：トリガー信号
レーダーの作動を指示するきっかけ(トリガー)となる信号電流のこと。

※18：パルス電圧
本来は脈拍や鼓動のことをパルスというが、電気の分野では、(連続的に増減するのではなく)オン・オフを繰り返す間欠的な電気信号をパルスと呼ぶ。出力波形は矩形で、送信間隔、送信時間(パルス幅)、波形の高さを示すパルス電圧という可変要素がある。

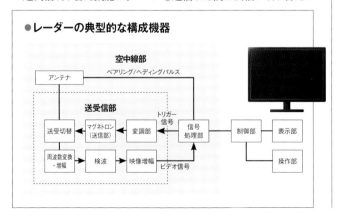

●レーダーの典型的な構成機器

聞き耳を立てる。そして、一定時間が経過したら再びパルスを送信して……という流れを繰り返す。

もしも反射波が戻ってきた場合には、アンテナが受信した電波の中から反射波を選り分ける検波処理を行い、それを映像にしてスコープに表示する。

また、方位の情報を得るために、アンテナ回転機構から「アンテナの向き」に関する情報を得る必要がある。それが図中にあるヘディングパルスである。

■ レーダー・スコープの表示

繰り返しになるが、レーダーによって得られるデータには、探知目標の「方位」「距離」「高度」(三次元レーダーの場合) がある。これをどのように見せるのが良いか。

草創期のレーダーでは、「Aスコープ」が用いられていた。これは、ふたつのスクリーンを併用するもので、片方に距離、他方に方位の情報が現れる。どちらも輝線を表示していて、反射波が返ってくると、それに対応する位置で輝線が上下に変動する。するとレーダー操作員は、ふたつの画面に現れた情報を頭の中で組み立てて、二次元的な位置関係として理解する必要がある。

使用する側にとっては不親切だが、作る側からすればこちらの方が実現しやすい。なぜか。

距離の情報とはすなわち、電波を送信してから反射波を受信するまでの時間であり、これは電気回路によって得られる情報。それに対して方位の情報とはすなわち、送信・受信の際にアンテナが向いている方位であり、これはアンテナ回転機構から得られる機械的な情

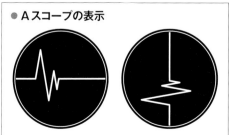

● Aスコープの表示

Aスコープでは距離と方位の情報が別々の画面に表示されるので、状況の把握が難しい

報。つまり、それぞれ情報の発生源が違うのだ。

　距離と方位の情報をひとつの画面にまとめようとすると、異なる2種類の情報源から入ってくるデータをひとまとめにする処理が必要になり、その分だけ実現が難しくなる。だから容易に実現できるのは、両者を別々に表示するAスコープとなる。しかし、開発する側にとっては優しくても、使う側には優しくない。

　その問題をクリアしたのが、PPI(Plan Position Indicator)スコープ。レーダーの画面というと一般に想起されるのが、これだろう。円形のスクリーンを使うものがポピュラーで、画面の中心から外縁に向けて1本の輝線が描かれる。この輝線は、アンテナの回転に合わせて周回する。もしも探知目標がいると、それの方位と距離に見合う位置に輝点が現れる。PPIスコープは、距離と方位という二次元的な位置関係をそのまま画面に表示するので、状況を理解しやすい。

PPIスコープを使用するレーダー装置の一例

　ただし、レーダーの用途によっては、必ずしも全周をカバーしなくても済む場合がある。たとえば、戦闘機の機首に搭載している射撃管制レーダーや、旅客機の機首に搭載している気象レーダーがそれ。これらは前方だけ見えていれば用が足りるので、スコープは扇形表示になることが多い。

アナログ処理とデジタル処理

　昔のレーダーは、処理をアナログ電気回路で行っていた。わかりやすい例を挙げると、「戻ってきた反射波を受信すると電気信号が発生するはずだから、その電気信号の電圧変化をそのままスコープ

に表示する」といった按配になる。

　しかし、アナログ電気回路では、動作そのものを回路として作り込まなければならない。もしも不具合があったり、改良したくなったりすれば、回路をまるごと作り直す必要がある。それに、「受信した、雑多な反射波の中から本物の探知目標に関する反射波だけを選り分ける」とか「妨害を受けても切り抜ける」とかいう複雑な処理をしようとすると、限界がある。

　そこで、受信した反射波をいったんデジタル化して、コンピュータで処理する方法が考え出された。デジタル化とは、煎じ詰めると「1」と「0」のいずれかで表現される値に直すということである。連続的に変化する波形を時間で細かく区切り、個別の区切りごとに値の大小に応じた数値を割り当てるのが、基本的な考え方。なにもレーダーに限らず、たとえば音声でも用いられている手法である。

　まず、受信したシグナルを時間で細切れにする処理が必要になる。もちろん、ひとつひとつの単位時間を短くして細かく区切る方が、より細かい表現ができる。1秒間に受信したシグナルを毎秒100回ずつに区切るか、1,000回ずつに区切るか、といった話である。後者の方が再現性が高いのはいうまでもない。

　次に、細切れにしたものを数値化する。しかし、数値化する対象が「1」と「0」だけでは、シグナルが「ある」「ない」しかわからない。そこで複数の桁を用いると、もっと細かい表現ができる。たとえば、受信したシグナルの強度を表現するのに2進法・8桁を用いることにすれば、2の8乗＝256段階の表現が可能になる。この桁数のことをビット数という。

　この「時間の区切りの細かさ」と「区切った単位ごとのデータ量を表現するためのビット数」を、どの程度に設定するかが問題になる。レーダーに限らず、たとえばオーディオの分野でも同じ話が出てくる。もちろん、細かく区切り、ビット数を増やす方が精細なデータになるが、その分だけデータ量が増える。どこでバランスをとるかが問題になる。

　ともあれ、受信した反射波の情報をデジタル・データに変換してコンピュータ処理すれば、ソフトウェア次第で、アナログ電気回路ではできない柔軟な処理が可能になる。

クラッターの除去とドップラー・レーダー

　空中を飛んでいる航空機を、地上に設置したレーダーで探知する
場合、背景は空だから余計な反射源はないと期待できる。ただし電
波の周波数によっては、雲や雨で反射が返ってくる可能性はあるの
だが。

　それと比べると、上空から見下ろす形で下方にいる何か、たとえば
低空を飛んでいる航空機や海上にいる艦船を探知する方が難しい。
なぜかというと、背景にあたる地面や海面も、下方に向けて送信した
レーダー電波を反射するためだ。すると、受信した反射波をそのまま
馬鹿正直にスコープに表示したら、わけがわからないことになってし
まう。

　そこで「シグナル処理」という問題が出てくる。受信した反射波の
中から余計な情報(これをクラッターという)を取り除き、本当に必要
とされる探知目標だけを選り分けるプロセスである。

　わかりやすいところで、低空を飛んでいる航空機を見下ろす形で、
上空からレーダーで捜索する場面を考える。飛んでいる航空機は当
然ながら移動しているが、背景にあたる地面や海面は移動しない。
すると何が起こるか。

　送信したレーダー電波が移動物体に当たって戻ってきたとき、その
反射波を継続的に調べると、送信したときとは異なる周波数になるは
ずだ。その理由はドップラー効果にある。

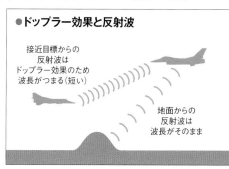

●ドップラー効果と反射波

接近目標からの
反射波は
ドップラー効果のため
波長がつまる(短い)

地面からの
反射波は
波長がそのまま

ドップラー・レーダーが
受け取る反射波のイメー
ジ。上空を飛ぶ航
空機から下方をレー
ダーで捜索すると、地
面からの反射波と、下
方を飛ぶ航空機から
の反射波には、ドップ
ラー効果による違いが
生じる

　ドップラー効果というと引き合いに出されるのは、救急車や消防車
のサイレンと相場が決まっている。これは、接近するときと遠ざかると
きで、音の高さが違って聞こえる (つまり周波数が変わる)。サイレン

※19：開口
レーダー用のアンテナを設計
する際に関わる可変要素。
使用する電波の周波数が高
くなると、それと反比例して、
アンテナから電波を放出した
り受信したりする部分のサイ
ズ（開口面）が小さくなる。フ
ェーズド・アレイ・レーダーで
は小さなアンテナをたくさん並
べるので、ひとつひとつのアン
テナ開口が小さくても、全
体では開口面積を拡げるの
と同じ効果を得られる。

は相手が自ら出す音だが、レーダー電波の反射波とて事情は同じ。こちらに向かってくる探知目標と、遠ざかる探知目標とでは、それぞれ異なる周波数変化が生じる。この変化のことをドップラー・シフトという。

つまり、受信した反射波の中から、背景となる地表からの反射と比べて大きなドップラー・シフトが生じているシグナルを拾い出せば、「下方にいる移動目標」の存在がわかるという理屈。これがすなわち、レーダーの業界でいうところのルックダウン機能である。

合成開口レーダー（SAR）と地上移動目標識別（GMTI）

上空から下方に向けてレーダーを使用する使い方として、合成開口レーダー（SAR：Synthetic Aperture Radar）がある。

SARは、地表や洋上のレーダー映像を得るために使用する。普通、映像というと可視光線の形で得るものだが、それには太陽という光源が必要だから、夜間には使えない。また、気象条件によっては視界が妨げられる問題もある。その点、SARは電波を使用するので、昼夜・天候に関係なく、地上や海上の凹凸を映像として得ることができる。

そこで問題になるのが、レーダー・アンテナの開口※19（aperture）。アンテナ開口が同じなら、周波数が高い方がビーム幅が狭くなって分解能が高くなる。周波数が同じなら、アンテナ開口が大きい方がビーム幅が狭くなって分解能が高まる。そこで、航空機や衛星といった移動可能なプラットフォームに下方向きのレーダー・アンテナを設置すると、プラットフォームの移動を利用して、みかけの開口を大きく

● 合成開口レーダーの運用イメージ

機体の移動を利用して、実際よりも大きなアンテナ開口があるのと同じ状態を作り出すのが、SARの基本的な考えかた。地表・洋上のレーダー映像を得る場面で活用される

したのと同じ状態を作り出すことができる。

　これが、SARの基本的な考え方。だから、レーダーを搭載するプラットフォームが移動するものでなければ、SARは成立しない。

　それとは逆に、プラットフォームは移動せずに、目標の移動や姿勢変化を利用して分解能を高める、逆合成開口レーダー（ISAR：Inverse Synthetic Aperture Radar）というものもある。

　このほか、地上移動目標識別（GMTI：Ground Moving Target Indicator）という技術がある。これは、動かない地面や海面からの反射波を排除することで、移動目標だけを拾い出す技術。具体的には、「大きなアンテナ開口をアンテナの移動方向に分割して、連続する2つのパルスの間でアンテナが静止しているのと同じ状況を作り出す」と説明されている。

　つまりは「静止した状態で撮った瞬間的なスナップショットを並べて、差分を拾い出す」という話であろうか。動いている探知目標がいれば、そこだけレーダー映像に変化が生じるはずだ。

　SARもGMTIも、アンテナの移動を利用するところは同じだが、移動をどう利用するかで違いができる。だから、この両方の機能を備えるレーダー製品がいろいろ実用化されているが、処理の内容が異なるので、SARとGMTIを同時に使用することはできない。

　なお、GMTIの応用で洋上移動目標識別（MMTI：Maritime Moving Target Indicator）という機能もある。原理は同じで対象が変わるだけだ。

レーダーで使用するアンテナ

　レーダーは電波を用いる探知手段であり、機能を果たすためには電波の送信と受信を行う必要がある。そのためのデバイスがアンテナ（空中線）である。ただし無線通信と異なり、レーダーは全方位に均等に電波を出すことよりも、特定の方向に向けて集中的に電波を出すことが求められる。受信も、反射波がどちらの方位から来たかがわからなければ仕事にならないから、特定の方向にだけ働く能力、つまり指向性が求められる。

用途・機能の違いとアンテナの選択

レーダーの用途によって、求められる機能に違いが生じる。捜索・監視用のレーダーであれば、全周を均等に見る必要がある。しかし用途によっては、特定の方位だけをカバーできれば済む場合もある。旅客機の機首に付いている気象レーダーや、ミサイル誘導用のレーダーがそれだ。当然、カバーする範囲の違いはアンテナの種類にも影響する。

なお、対空用レーダーは方位と距離だけでは話が済まない。空を飛ぶ物体の高度はさまざまだから、もしも可能であれば高度まで知りたい。だから初期の対空捜索レーダーでは、捜索レーダーとは別に測高レーダーを用意していた。しかしそれでは、2基のレーダーから得られるデータを突き合わせないと必要な情報が揃わない。1基のレーダーで方位・距離・高度がすべてわかる方がありがたい。

そこで三次元レーダーが登場した。受信した反射波の仰角、それと距離の情報に基づいて、目標の距離だけでなく高度もわかるようにしたレーダーである。単純に考えれば三角関数の問題だが、遠距離になると地球の丸みを計算に入れなければならないので、話はいくらか複雑になる。

三次元レーダーを実現するには、上下方向にビームを振る仕組みが必要になるので、これもアンテナの構造に影響する。

Koji Inoue

海上自衛隊の汎用護衛艦で広く使われているOPS-24対空三次元レーダー。上下方向の捜索はビームの向きを変える方法で、水平方向の捜索はアンテナ自体の回転によって行う

一方、海面上を捜索するレーダーであれば、相手は海面という単一平面の上にいる前提だから、距離と方位だけわかればよい。いわゆる二次元レーダーだ。どっちみち水平線より向こう側は見えないから、カバーすべき距離はさほど大きくならない。

なお、二次レーダーという言葉もあるが、二次元レーダーとは別物である。二次レーダーとは電波で誰何して応答を受け取る機器のことだ。これについては後で取り上げる。

　さて、レーダーが機能を果たすためには、それに見合った機能・能力を備えたアンテナが必要になる。そこで、実際にレーダーで使われているさまざまな種類のアンテナについて、概要を見ていく。

初期の防空レーダー

　前述したように、イギリス軍は第二次世界大戦の初期に、レーダーを用いた防空システムを構築した。その名称はCH（Chain Home）という。使用した電波の周波数帯は、22.7〜29.7メガヘルツ（MHz）と低いものだった（波長は10〜13.6m）。その長い波長に見合ったサイズのアンテナが必要になるので、高さ110m・間隔55mの鉄塔を建てて、その間に線を張ってアンテナを構成した。

海上自衛隊の汎用護衛艦で広く使われているOPS-24対空三次元レーダー。上下方向の捜索はビームの向きを変える方法で、水平方向の捜索はアンテナ自体の回転によって行う

　こんなデカブツが出現すれば目につかないはずはなく、実際、ドイツ軍はレーダー施設の破壊を試みたという。しかし、精密誘導兵器など存在しない御時世の話だから、鉄塔に爆弾を直撃させて完璧に破壊するのは難しい。しかも、壊してもすぐに再建されてしまったという。

　面白いのは、「鉄塔はスカスカで隙間が多かったから、近くに着弾しても爆風がすり抜けてしまい、なかなか破壊できなかった」という話。いわれてみれば確かにその通りだが、意外と気付かない話である。

　対するドイツ軍も、イギリス空軍の夜間都市爆撃に対抗するため

第二次世界大戦中に、レーダーを装備して夜間でも交戦できるようにした戦闘機を特に区別して、この名称が用いられた。戦後、戦闘機のレーダー搭載が一般化したことで、こうした区別は意味がなくなった。

※21：輻射器
アンテナを構成する部品のうち、実際に電波を放射したり、受信したりする部分のこと。

※22：パラボラ・アンテナ
リフレクタ・アンテナのうち、放物曲面を持つ反射器（放物面反射器）を使用するアンテナのこと。お皿のような外見をしているので、ディッシュ・アンテナと呼ばれることもある。

※23：カセグレン・アンテナ
パラボラ・アンテナに、双曲面凸型の副反射器を追加したアンテナ。パッと見の外見はパラボラ・アンテナと似ているが、副反射器の存在により識別できる。宇宙空間の一点にいる通信衛星に向けて電波を飛ばすために高い指向性が求められる、衛星通信で多用される。

※24：成形ビーム・アンテナ
反射鏡の形状に工夫をして、アンテナから放射されるビームの断面形状を調整するアンテナのこと。これは、電波が届く対象に合わせて、電波が届く範囲を最適化する場面で用いられる。たとえば衛星放送では、放送対象となる地域全体をカバーしつつ、その周辺の地域には電波を飛ばさないようにしたいから、成形ビーム・アンテナの出番となる。

にレーダー網を構築して対空警戒を実施するようになった。さらに、レーダーを搭載した夜間戦闘機※20も飛ばした。ドイツ軍の機上レーダーも相応に大掛かりな品物で、機首にかんざしみたいな格好でレーダー・アンテナを取り付ける仕儀となった。当然、その分だけ空気抵抗が増えて速度が落ちるが、敵が見えなければ話にならないから仕方ない。

また、英独双方にいえることだが、地上の管制官が無線で上空の戦闘機に対して敵情を知らせたり、向かうべき方位や場所を指示したりしていた。つまり、まともな無線機がなければ防空戦を展開できないわけだ。

リフレクタ・アンテナ

リフレクタ・アンテナとは、反射器に輻射器※21から電波をぶつけて反射させる形で送受信を行うアンテナの総称。使用する反射器の形状により、パラボラ・アンテナ※22、カセグレン・アンテナ※23、成形ビームアンテナ※24といった分類がある(口絵8ページ参照)。このタイプは、指向性が強いところがレーダーに向いている。

そのうちパラボラ・アンテナは、放物曲面を持つ反射器を使用する。パラボラ・アンテナ以外にも反射器を持つアンテナがいろいろあるので、「反射器がある＝パラボラ・アンテナ」とは限らない。

昔は対空捜索レーダーでもリフレクタ・アンテナが多用されたが、近年の軍用レーダーでは艦載用のミサイル誘導レーダーぐらいだろうか。前述したように、捜索レーダーが捕捉した目標の中から交戦の対象を選び出して、それを捕捉追尾したり、誘導用の電波を照射したりする。

そういう動作をするから、ミサイル誘導レーダーには広範囲を捜索する能力は求められない。一方で、目標の捕捉追尾や誘導用電波の照射では高い精確さが求められるので、高い周波数の電波(その方が分解能が高い)と、指向性が強いアンテナの組み合わせが必要になる。

リフレクタ・アンテナの殿堂 (?) とでもいえそうなのが、旧ソ連で開発されたM-1ヴォルナ艦対空ミサイル・システム。使用する射撃

指揮装置はNATOコードネームを「ピール・グループ」というが、縦長のリフレクタを持つアンテナと横長のリフレクタを持つアンテナが並んでいる複雑な構成だ。前者は上下方向、後者は水平方向を受け持つのだろうと推察される。

M-1システムで使用するミサイルは指令誘導方式なので、目標を追尾するためのレーダー、それに向けて発射したミサイルを追尾するレーダー、そしてミサイルに指令を送るための送信機が必要になる。それらのアンテナをひとまとめにして旋回・俯仰が可能な形にしたら、こんなものができあがってしまった。

Koji Inoue

インド海軍のラージプート級駆逐艦が装備する、M-1ヴォルナ艦対空ミサイル・システム用の「ピール・グループ」。リフレクタが真円ではなく楕円なのは、上下方向と水平方向で別々のアンテナを用意している関係だろう

※25：導波器
八木・宇田アンテナを構成するパーツのひとつで、受信の場合、電波を放射器に導く役目を受け持つ。送信では逆に、放射器から出た電波を導波器が導いて送り出す。本数が多くなると指向性が強くなり、本数が少なくなると指向性が弱くなる。

※26：ダイポール・アレイ
アレイ・アンテナの一種。複数個を配列してアレイを構成するのがアレイ・アンテナだが、そこで使用するアンテナとしてダイポール・アンテナ、つまり線状のアンテナを用いるのがダイポール・アレイ。

八木アンテナ

昔、テレビ放送の受信用アンテナとして日常的に使われていたのが、八木アンテナ（八木・宇田アンテナ）。

これは複数の棒を並べた構成になっているが（口絵8ページ参照）、実際に送受信に使用する輻射器は、そのうちひとつだけ。一端に「く」の字型に付いているのが反射器で、リフレクタ・アンテナの反射器と同じ働きをする。その反対側に並んでいるのは導波器[25]で、これらの組み合わせによって指向性を持たせている。指向性があるからレーダーに使える。

レーダーの場合、八木アンテナを単体で使用するのではなく、複数まとめる場合もある。その一例が海上自衛隊で使っている国産レーダー・OPS-11。格子状の枠に複数の八木式ダイポール・アレイ[26]を組み付けた構成だ。アレイを構成するアンテナの数は28本で、4段×6列と、左右の外側に2本・1列ずつとなっている。現物の写真を見

ると、なるほど「八木アンテナを束ねて枠に取り付けた」という風体を
している。

護衛艦「はたかぜ」の
OPS-11レーダー。一
見すると何がなんだか
わからないが、枠の中
に多数の八木アンテナ
を取り付けた構成で
ある

スロット・アンテナ

　艦艇の対水上レーダーなど、二次元レーダーで見かけることが多
いタイプが、スロット・アンテナ。四角い断面を持つ導波管、あるい
は金属板を設置して、一方の側面にスロット（細長い隙間）を開ける。
そのスロットを設けた側からだけ電波が出入りする。スロットの長さ
は、使用する電波の波長の半分だ。もっとも、外からスロットが見える
わけではない（口絵8ページ参照）。

護衛艦「はたかぜ」の
ＯＰＳ-28レーダーが
使用するスロット・アン
テナ。最近の対水上
レーダーは、こういう外
見の持ち主が多い

ホーン・アンテナ

　第二次世界大戦中に日本で造られたレーダーの写真を見ると、ラ
ッパみたいな物体が出てくることがある。それがホーン・アンテナ。ラ
ッパ状のホーンが長くなると、指向性が強くなる。近年のレーダーで

これを使っているものは見かけないが、電子戦装置で妨害波を送信する際に使う事例があるようだ。

※27：位相
電磁波が伝搬する際の、波動を開始するタイミングのこと。

スロット・アレイ・アンテナ

先にも述べたように、対空用のレーダーでは探知目標の方位・距離だけでなく高度も知りたい。それには上下方向にビームを振って、仰角を把握できるようにする必要がある。機械的に旋回・俯仰の両方を作り込むのは無理な相談だが、ビームを上下方向に振る仕組みができれば、機械的な動作はアンテナの回転だけで済む。

その一例が、スロット・アンテナを上下に積み並べるタイプ。これは、後で取り上げるフェーズド・アレイ・レーダーが出現する前の主流だった。米海軍のAN/SPS-48シリーズが典型例で、並べたスロット・アンテナごとに送信する電波の位相[27]（送信のタイミング）をずらすと、結果として電波を送信する向きが変わる。

受信の場合、反射波が斜め方向から入射すると、スロット・アンテナごとに受信のタイミングが少しずつズレるので、そのズレの量に基づいて入射方向を計算する。

Koji Inoue

空母ロナルド・レーガンのSPS-48レーダーを背面から撮影したもの。外見は四角いが、縦に並べたスロット・アンテナは八角形になっている様子が見て取れる

プレイナー・アレイ・アンテナ

スロット・アレイ方式は、艦載用の対空三次元レーダーで使われたが、戦闘機のレーダーでは別の方法が主流になった。それがプレイナー・アレイ・アンテナ。その名の通り、平面型のアンテナである。1970年代~1990年代にかけて登場した戦闘機の射撃管制レーダー

※28：合成波
アクティブ・フェーズド・アレイ・レーダーにおいて、複数のアンテナから出した微弱な電波が合わさって生成される電波のこと。

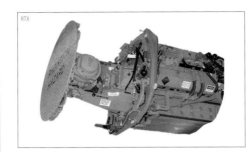

プレイナー・アレイ・アンテナの例。VTOL攻撃機AV-8Bハリアー II向けのAPG-65射撃管制レーダー

では、もっともポピュラーな方式だろう。

これは、平らなアンテナ・フェイスの表面に、小さなアンテナを縦横に並べてある。そして、ひとつの送信機から枝分かれさせた導波管を設けて、個々のアンテナに接続している。こうすると、複数の場所からそれぞれ異なるタイミングで電波を送信できる。

スロット・アレイ・アンテナと同様に、ひとつの平面に複数の送受信用素子を設けた形になる。だから、アンテナごとの送信タイミングをずらすことで、発生する合成波[28]の向きを変えられる。その辺の考え方は、後で取り上げるフェーズド・アレイ・アンテナと同じなので、詳しい話はそちらで。ただし、一式を機械的に上下左右に首振りする仕掛けも備えている。

┃フレスキャン（FRESCAN）

時系列が前後するが、スロット・アレイ式の三次元レーダーが登場する前に、フレスキャン（FRESCAN:Frequency Scanning）方式の三次元レーダーが作られた。FRESCANを日本語に訳すと「周波数走査」だが、これだけではチンプンカンプンである。

FRESCAN方式を使用した三次元レーダーとしては、アメリカ海軍のAN/SPS-39が知られている。このレーダーのアンテナは、割竹みたいな、円筒形から切り出した形のリフレクターを使っていた。その曲面のリフレクターの中心に、電波を放射する複数のホーンがズラッと並んでいる。それぞれのホーンは送信機につながっており、開口部はもちろんリフレクターの方を向いている。

ひとつの送信機から縦に複数並んだホーンに向けて電波を送るので、送信機とホーンの距離は、個々のホーンごとに異なる。ということ

は、ホーンからリフレクターに向けて吹き付けられる電波の位相が、ホーンごとにずれることになる。位相が異なる複数の電波が吹き付けられると、アレイ・レーダーと同じ要領で、どこか特定の向きに合成波が出る。

周波数が異なる電波を「よーいドン」で並べてみると、それぞれの電波の位相がずれることは容易に理解できると思う。位相がずれれば、生成される合成波に角度がつく。位相の差を変えれば、合成波の向きが変わる。

そこで、送信機から出す電波の周波数を変えたときに、個々のホーンからリフレクターに吹き付けられる電波の位相がどう変わり、それによって合成波がどちらに向くか、という関係性を割り出した。それができれば、合成波が上下に振れるように周波数を変化させながら送信機を作動させればよいという話になる。

US Navy

アメリカ海軍初のミサイル駆逐艦「チャールズ・F・アダムス」。後部煙突の前面・頂部付近に載っている割竹みたいな物体が、AN/SPS-39レーダー

フェーズド・アレイ・アンテナ

リフレクタ・アンテナやスロット・アンテナを使用するレーダーで全周を捜索しようとすると、アンテナを回転させなければならない。すると、個々の方位について見た場合には、捜索は常に間欠的になる。たとえば、10秒で一周するアンテナであれば、捜索は10秒ごとになる。

探知目標の移動速度が遅い場合には、10秒に一度の走査でも大して問題にはならない。しかし、航空機になると速度が一気に上がるし、巡航ミサイルの中には超音速で飛翔するものもある。弾道ミサイルになれば、さらに桁が上がる。

そうなると、間欠的な走査では足りず、継続的に捜索・追尾したいというニーズが出てくる。特定の方位に的を絞っていいのであればア

※29：アンテナ素子
アレイ・アンテナを構成する、個々のアンテナのこと。アクティブ・フェーズド・アレイ・レーダーでは、アンテナ素子ごとに専用の送受信機とパワー半導体素子が必要になる。

ンテナを固定すれば解決できるが、全周をカバーしたいというニーズには対応できない。いいかえれば、回転式のレーダーでは全周を同時に見ることができない。

これは、機械的にアンテナの向きを変える方法では実現できない。アンテナを回転させれば、必然的に捜索が間欠的になるからだ。そこで登場するのが「フェーズド・アレイ・アンテナ」だ。送信・受信のいずれでも位相の違いが関わってくるので、「位相配列型アンテナ」すなわちフェーズド・アレイ・アンテナという名称になる。

これは、複数のアンテナ素子[29]を縦横に、規則的に並べたアンテナ。個々のアンテナ素子ごとに送信のタイミングを変えると、発生する合成波が進む向きを変えることができる。受信の場合、個々のアンテナ素子ごとに受信のタイミングがずれるので、その時間差に基づいて電波の入射方向を計算する。

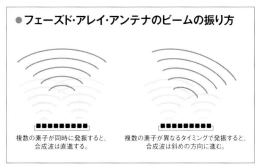

●フェーズド・アレイ・アンテナのビームの振り方

複数の素子が同時に発振すると、合成波は直進する。

複数の素子が異なるタイミングで発振すると、合成波は斜めの方向に進む。

フェーズド・アレイ・アンテナは、多数のアンテナを並べた構成。個別に送信のタイミングを変えると送信方向が変わり、受信タイミングの違いから入射方向を知る

これを縦方向と横方向の両方について行うのがミソで、それにより、上下左右に、高速にビームを振れることになる。固定式の平面アンテナひとつで、一般的には上下・左右それぞれ90~120度の範囲をカバーできる。

アンテナ素子の並べ方によって複数のバリエーションがあり、直線状に並べるリニア・アレイ、縦横・平面状に並べるプレイナー・アレイ、円柱状に並べるサーキュラー・アレイ、任意の形状に沿って並べるコンフォーマル・アレイといったバリエーションができる。

このうち、一般的には平面配列を使用する。その平面がきちんと保たれていないと、レーダーの探知精度に関わってくるから面倒だ。イージス艦みたいに大きなフェーズド・アレイ・アンテナを装備している場合には、アンテナを取り付ける上部構造物をガッチリ造っておかな

いと、レーダーが歪んでしまって探知精度に悪影響が出る。

　コンフォーマル・アレイというと馴染みが薄いかも知れないが、たとえば飛行機の機体表面にアンテナを埋め込むような形が該当する。

艦載用フェーズド・アレイ・レーダーの代名詞といえば、RCA（現在はロッキード・マーティン）製のAN/SPY-1シリーズ

アクティブ・アレイとパッシブ・アレイ

　FRESCAN方式は、擬似的に位相を変える手段といえる。しかし、直接的に位相を変えることができれば、その方が話が簡単だ。そこでフェーズド・アレイ・レーダーの場合、アンテナ素子ごとに位相を変えて送信するが、それを実現する方法は二種類ある。言葉を換えると、個々のアンテナ素子と送信機の関係性による区分ともいえる。

　それがいわゆる、アクティブ・フェーズド・アレイと、パッシブ・フェーズド・アレイである。

　アクティブ・フェーズド・アレイは、アンテナ素子ごとに専用の送受信モジュール（T/Rモジュール。T/RはTransmitとReceiveの頭文字）を持っている。一部のアンテナ、あるいは送受信モジュールが故障したり破壊されたりしても、残りで動作を継続できる利点がある。

　同じものなのに分野によって呼称が違うのはよくある話だが、航空機の世界ではアクティブ・フェーズド・アレイ・レーダーをAESA（Active Electronically Scanned Array）レーダーと呼ぶことが多い。フェーズド・アレイ・レーダーという呼称を多用するのは艦艇の分野だが、近年ではこちらでもAESAレーダーと呼ぶ事例を目にする。

　できるだけ小型で、消費電力が少なく、それでいて送信出力が高い送受信モジュールを実現するのが、フェーズド・アレイ・レーダーのキモで、そのために素材面での工夫がなされている。これまでの

※30：ガリウム砒素(GaAs)
半導体に用いられる素材。GaAsはガリウムを砒化した化合物半導体で、一般的に半導体に用いられるシリコンよりも電子移動度が高い。そのため、応答が早く消費電力が少ない半導体素子の製造に適する。

※31：窒化ガリウム(GaN)
半導体に用いられる素材。GaNはガリウムを窒化した化合物半導体で、GaAsと比べて高効率の半導体素子を作れる。

※32：移相器
フェーズ・シフターの日本語訳。送信する電波の位相を変化させるための装置で、パッシブ・フェーズド・アレイ・レーダーには不可欠のもの。

主流はガリウム砒素 (GaAs)^{※30}だったが、窒化ガリウム (GaN)^{※31}に主流が移ってきている。GaNは「ガン」と読む。

ヘリコプター護衛艦「いずも」型のOPS-50は、GaNベースのアクティブ・フェーズド・アレイ・アンテナを使用する

レーダーの構造をそのまま製品名称にしてしまったのが、タレスの艦載多機能レーダーAPAR（アクティブ・フェーズド・アレイ・レーダー）。写真はオランダ海軍のデ・ゼーヴェン・プロヴィンシェン級フリゲートで、塔型構造物の四周に取り付けられた円形の物体がAPARのアンテナ・アレイ

　対してパッシブ・フェーズド・アレイは、パッシブといっているが、受信専用というわけではない。アンテナ素子ごとに送受信モジュールを持つのではなく、ひとつの送信機が複数のアンテナ素子を掛け持ちするタイプのことを、こういう。

　送信機から送り出した電波は、導波管を経由してつながれた複数のアンテナに枝分かれする。そして、移相器^{※32}（フェーズ・シフター）によって位相を規定した上で送り出す。その操作を、複数のアンテナについて行う仕組み。

　つまりパッシブ・フェーズド・アレイ・レーダーでは、ひとつの送信機が、複数のアンテナをカバーしている。送信機や導波管が故障したり破壊されたりすると、それが受け持っているアンテナが一挙に使えなくなる。だから、冗長性の面ではアクティブ・フェーズド・アレイに見劣りする。また、多数の移相器（AN/SPY-1A~Dの場合で、アンテナ1面につき約4,400個）をメンテナンスする手間も馬鹿にならない。

しかし、小型で充分な出力を持つ送受信モジュールを開発しなくても実現できるので、こちらが先に登場した。イージス艦のAN/SPY-1レーダーが、パッシブ・フェーズド・アレイ・アンテナを使用するレーダーの典型だ。

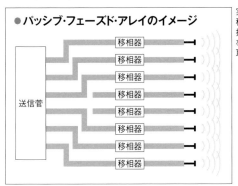

●パッシブ・フェーズド・アレイのイメージ

送信菅

移相器

実際には、送信管と移相器の間の距離は揃える必要があるはずなので、もっと複雑な取り回しになる

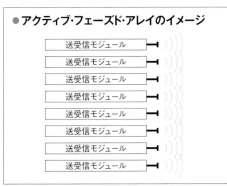

●アクティブ・フェーズド・アレイのイメージ

送受信モジュール

個々のアンテナごとに専用の送受信モジュールが付いて、個別に完結している

回転式フェーズド・アレイ・レーダー

フェーズド・アレイ・レーダーを3～4面用意すれば、全周を同時に監視できる対空三次元レーダーができる。しかし、多数の部品で構成されるフェーズド・アレイ・レーダーは大きく、重く、高価なものだ。そこで全周同時監視ができなくなる点には目をつぶり、フェーズド・アレイ・レーダーを回転式にした事例もある。

フランス海軍やイタリア海軍で使っているEMPAR (European Multi-function Phased Array Radar)は、パッシブ・フェーズド・アレイ・レーダーの回転式。対して、イギリス海軍で使っているサン

プソンはアクティブ・フェーズド・アレイ・レーダーの回転式。ただしどちらも、回転速度は一般的な対空捜索レーダーより速く、毎分60回転、つまり秒間1回転。回転数が高い分だけ頻繁な走査を可能としている。

EMPARもサンプソンも、アンテナの平面をそのまま露出させずに、カバーを被せて球形の外見にしてあるので、ちょっと変わった外見だ。アンテナ面の保護や、風を受けたときの空力的な影響を避ける狙いによるのだろうか。

英海軍の駆逐艦「デアリング」が装備するサンプソン・レーダー。アクティブ・フェーズド・アレイ・アンテナを背中合わせに2面組み合わせて、カバーを被せて球形にしてある。写真では、ハの字型をしたアンテナ・アレイの輪郭線が僅かに見て取れる

艦艇用アンテナの課題

艦載レーダーには、陸上用にはない悩みがある。

海の上に浮かんでいるフネは、当然ながら揺れる。フネが揺れれば、そこに搭載しているレーダーのアンテナも揺れる。レーダーは「反射波が入ってきた方向 ＝ 探知目標がいる方向」だから、受信した反射波の方向を漫然と探知目標の方向ということにしてしまうと、フネが揺れた状態では精確な探知ができない。

では、揺れるプラットフォームの影響をどうキャンセルするか。そこで考えられた方法は2種類あって、機械的にアンテナを安定化させる方法と、揺れを検出してシグナル処理の段階で揺れの影響をキャンセルする方法。

機械的にアンテナを安定させる方法はわかりやすい。たとえば、フネが右に5度傾いたら、それを打ち消すためにアンテナを左に5度傾ければよい。考え方はわかりやすいが、実現しようとすると複雑なメカが必要になる。

では、シグナル処理によってキャンセルするとはどういうことか。た
とえば、フネが右に5度傾いた状態であれば、アンテナの回転面（こ
こでは回転式アンテナを使うレーダーだということにしておく）が右
に5度傾くことになる。そこで、アンテナが向いている方向に応じて、
ズレの量を計算できる（三角関数の問題である）。その数字に基づい
て、探知距離の方位に関する情報を計算し直せばよい。これも三角
関数の問題である。

ただし、二次元レーダーなら方位だけ計算し直せばよいが、三次
元レーダーだと高度も計算し直さなければならない。

コンピュータの処理能力が向上している昨今では、機械的にアン
テナを安定化させるよりも、計算処理で解決する方が実現しやすく、
かつ信頼性が高いと思われる。

戦闘機用レーダーのサーチ・パターン

レーダーの探知精度（分解能）は、ビームが細く、パルスが短い方
が優れている。しかし、細いビームで広い範囲を捜索しようとすると、
ビームを振って回らなければならない。

前述したように、アンテナを動かさないでビームの向きだけを変え
られるアンテナもあるが、わかりやすいのはアンテナの向きを変えて
ビームの方向を変える方法だ。では、どういう形でビームを振って走
査するか。

たとえば、戦闘機の機首に付いている射撃管制レーダーは、捜索
用のレーダーも兼ねている。捜索モードにセットした場合には広い範
囲を捜索しなければならないから、スパイラル・スキャン、あるいは
バー・スキャンといった方法を使う。

スパイラル・スキャンは、前方の空間を蚊取り線香みたいに螺旋
状に走査する。捜索して目標を捕捉したら、交戦対象となる探知目標
を選び出して、ロックオンする。すると、指示された目標だけを連続的
に追尾するパターンに移行する。

そこで登場するのがコニカル・スキャンで、狭い範囲に的を絞り、
指示された目標だけを捜索・追尾。その際のビームの範囲が細
長い円錐形になるので、この名称がある。

対してバー・スキャンは、水平の「バー」を単位にして、右から左、あるいは左から右に向けて走査して、それを上下方向に積み重ねる。この動きは、CRTディスプレイ※33のラスター・スキャン※34と似ている。1970年代以降に登場した戦闘機用レーダーはたいてい、プレイナー・アレイ・アンテナを使ってバー・スキャンを行う。目標を捕捉して追尾モードに移行したら、指示された目標に的を絞って狭い範囲だけを走査するのは、こちらも同じだ。

アンテナを機械的に動かしてサーチ・パターンを実現するのは手間がかかる話だが、AESAレーダーならビームの向きを瞬時に変えられるから、広い範囲を素早く捜索するには都合がいい。また、対空・対水上の同時監視、なんていう芸当もできる。

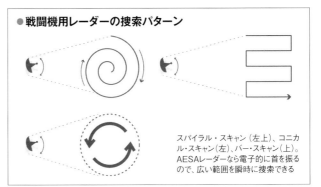

●戦闘機用レーダーの捜索パターン

スパイラル・スキャン（左上）、コニカル・スキャン（左）、バー・スキャン（上）。AESAレーダーなら電子的に首を振るので、広い範囲を瞬時に捜索できる

余談：月に電波を反射させる

旧ソ連軍で使用していた対空用早期警戒レーダーに、P-14「トール・キング」というVHFレーダーがあった。探知可能距離は400kmぐらいある。このレーダーに関する情報を得るために、レーダーが出している電波を傍受したいという話が、米中央情報局（CIA：Central Intelligence Agency）で持ち上がった。

これは、U-2※35の後継機として開発が進んでいたA-12※36（三角形のステルス攻撃機ではなくて、SR-71※36ブラックバードとなった機体の方）が領空侵犯偵察飛行を行う際の脅威要因になる、と考えられたため。もっとも実際には、SR-71がソ連の領空を侵犯したことはなかったが。

そこで、ソ連防空軍のレーダー基地と地対空ミサイル基地の所在を突き止める計画の一環として、トール・キングの電波を傍受する手段を用意することになった。相手のレーダーが海岸線や国境線の近くにあれば話は簡単だが、それができない。そこで考え出された手が、これだ。

「月面にぶつかって反射してくる電波を受信する」

　冗談ではない。「少なくとも日中であれば、トール・キングが出した電波は月面まで到達して反射してくる」という判断の下、その反射波を受信するための施設が、ニュージャージー州のムーアズタウンに作られた。直径60フィート（約18メートル）のパラボラ・アンテナと高感度の受信機が据えられて、月からの反射波を狙ったそうである。

　それにしても、月とはまた巨大なアンテナ……もとい、反射鏡である。

レーダーと敵味方識別

　レーダーでわかるのは「電波の反射源となる誰かさんがいる」ことだけである。その誰かさんの正体までは、レーダーは教えてくれない。それでは仕事にならないので、「識別」という問題を解決する必要がある。

探知目標の識別とIFF

　ミリタリーの分野における「識別」には、ふたつの意味がある。ひとつは敵味方の識別で、これをちゃんとやらなかったり、あるいは誤ったりすると、友軍相撃（同士撃ち）が発生する。

　もうひとつは対象物の識別で、航空機や各種車両の機種、艦艇のクラスや個艦、といったものを割り出す作業になる。

　この両者、関係がないようでいて、実は関係がある。たとえば、レーダーでも光学センサーでもMk.1アイボール（人間の目玉）でもいいが、とにかく何らかの航空機探知があったとする。そこで相手の機種がわかれば、それは敵味方の別を判断する材料になる。わかりやす

※37：敵味方識別装置
英語ではIFF。レーダーで探知した目標に対して電波で誰何（すいか。誰かを尋ねる）して、正しい応答が返ってくるかどうかで敵と味方の区別をつける装置。

※38：二次レーダー
敵味方識別装置（IFF）と同様の動作をする機器だが、こちらは民間向けで、フライトに関する情報や高度などの情報を得るために使う。

※39：IFFトランスポンダー
IFFを構成する機器のうち、電波による誰何に対して応答信号を返すための機器。誰何を行う機器の方はインテロゲーターという。

い例を挙げると「探知目標はF-22ラプターである」とわかれば、それは米空軍機以外にあり得ない。

さて、所属を識別する手段として、軍用機なら敵味方識別装置[37]（IFF：Identification Friend or Foe）、民間機なら二次レーダー[38]（SSR：Secondary Surveillance Radar）を併用する。

IFFや二次レーダーを使用する際には、事前に識別コードを設定しておく。民間機の場合、フライトプランを航空管制当局に提出した時点で、それと紐付ける形で識別コードの割り当てを受けるので、「○○航空の△△便なら二次レーダーの識別コードは××」という具合に、関係が明確になる。

軍用機も考え方は同じで、任務計画を立案して自国軍機を出動させる時点で、IFFトランスポンダー[39]にセットする識別コードを決めておく。だから、事前に取り決めたものと同じ識別コードによる応答があれば、それは友軍機だと判断できる。いいかえれば、IFFの識別コードを設定し間違えると、敵機と間違われて撃ち落とされるかも知れない！

ということは、対領空侵犯措置に使用する対空捜索レーダーと、そこから得た情報を処理するシステムは、IFFや二次レーダーの識別コードに関する情報を得られるようになっていなければならない。

つまり、民間機なら航空管制当局の飛行データ管理システム、軍用機なら自軍の管制システムと連接して、識別コードの内容を照会できるようにしておく必要がある。すると、単に両者を通信網で接続するだけでなく、照会や応答のためのプロトコル、それとデータ・フォーマットを取り決めておかなければならない。

特に相手が民間機の場合、軍とは異なる組織が管制業務を担当しているのが通例だから、異なる組織同士でシステムを連接して、照会やデータの受け渡しを行えるシステムを構築する必要がある。まさにシステム・インテグレーションの問題である。

▎IFFの具体的な動作

IFFの具体的な動作について、もう少し掘り下げて見ていく。
IFFの動作モードは、以下の5種類がある。

- モード1：Security Identity（軍用だが識別には用いない）
- モード2：Personal Identity（機体の個体識別用）
- モード3：Traffic Identity（民間と共用する航空管制用）
- モード4：Classified（軍用の敵味方識別機能）
- モードC：Altitude Interrogation（高度応答のみ）

　つまり、IFFは敵味方識別だけでなく、高度に関する問い合わせもできる。しかし今回の本題は「識別」だから、そちらの話に的を絞ることにする。

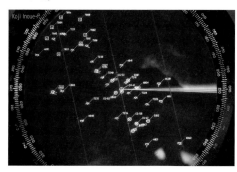

レーダー探知だけでは、スコープ上では単なるブリップ（輝点）でしかない。だが、敵味方識別や個体識別の情報があれば、もっと詳しい状況がわかる。写真では、探知目標によってシンボルが違うが、これは「友軍・正体不明・敵性」と「航空機・水上艦・潜水艦」の区別を示している

　IFFは、電波による誰何によって識別を実現する。誰何する側の機器（インテロゲーター）はレーダーとワンセットになっていて、レーダーが探知した目標に対して誰何を実施する。これは、1,030MHz帯の電波で質問用の信号を送信する。一方、探知される側の航空機や艦艇にはIFFトランスポンダーと呼ばれる応答機が載っている。こちらは1,090MHz帯の電波で応答信号を返す。

　前述したように、その応答信号の内容が重要だ。IFFを使用する双方の当事者が敵味方識別を行う際には、事前に定めた識別コードを使う。識別コードが正しくセットされていれば、「打ち合わせ通りの応答が返ってきたから味方だ」となるが、正しくセットされていなければ「打ち合わせと違う応答が返ってきたから、味方ではない」となる。

　では、トランスポンダーのスイッチを切っているとどうなるか。インテロゲーターが誰何しても応答が返ってこないことになるので、これをインテロゲーターの側から見ると「正体不明の名無しさん」となる。平時にその状態で他国に接近すればスクランブルをかけられるし、戦時なら撃ち落とされても文句はいえない。しかし、電波の発信を抑える等の理由から、戦時に敵地に侵入する場面で意図的にIFFのスイ

ッチを切ることはある。

そこで、手元にある戦闘機のフライトマニュアルをいくつか調べて
みた。普通はコックピットにIFFの設定パネルがあり、モード1では2
桁で32パターン、モード4では4桁でそれぞれ0〜7（つまり8の4乗で
4,096パターン）の設定が可能。また、セットしてある識別コードの情
報を消去する機能もある。これは、装置が敵手に落ちた場合への備
えだ。なお、モードCは高度の情報を返すだけだから、問い合わせに
応じるかどうかの設定しかできない。

もちろん、共同作戦・連合作戦を実施する可能性がある国同士
では、IFFの相互運用性を実現しておかないと困ったことになる。最近、
NATO加盟国を初めとする「いわゆる西側諸国」において、モード5
と呼ばれる新しいIFFの導入が進んでいるが、これは当然ながら日
本にも波及する。米軍がIFFモード5に対応するインテロゲーターで
誰何してきたら、自衛隊機もIFFモード5に対応するトランスポンダー
で応答しないといけない。そこで日本でも、IFFの更新が進められて
いる。

IFFのアンテナいろいろ

レーダーによる捜索とワンセットになって機能するのがIFFだから、
IFFの送受信アンテナはレーダーのアンテナとワンセットになってい
ることが多い。レーダー用のアンテナとIFF用のアンテナを同じ向き
にして一緒に動くようにすれば、探知した目標に対して誰何するプロ
セスが円滑に進む。

ところが艦載レーダーの分野では、3〜4面の固定式フェーズド・

Koji Inoue

回転式アンテナを使用するレーダーでは、IFF用のアンテナを併設して一緒に回すことが多い。写真はBAEシステムズ製のARTISANレーダーで、上にある細い棒がIFFアンテナ

Koji INOUE

海上自衛隊「もがみ」型護衛艦の艦橋レーダー部。対空多機能レーダーOPY-2は4面固定式で、その上にある、イボイボが並んだリング状の物体がIFFのアンテナ

アレイ・レーダーが増えている。レーダーのアンテナが固定されているのに、IFFのアンテナだけ回転式にするのでは、両者の連携がうまくいかない。だから、固定式フェーズド・アレイ・レーダーを搭載する艦では、IFFのアンテナも従来とは違ったものになっている。日米の艦ではたいてい、多数の送受信エレメントをリング型に並べたIFFアンテナをマストの上部に載せている。

　面白いのは、F-16[40]戦闘機や日本のF-2戦闘機などが搭載しているIFFアンテナ。4枚の細長いブレード・アンテナを、コックピット直前の胴体上面に並べてある。もしもそこに鳥がぶつかったらスライスされてしまうのではないか、という意味で「バードスライサー」という渾名がある。

Koji Inoue

F-2戦闘機の機首クローズアップ。風防の直前に並んでいる板状の物体が、IFF用の"バードスライサー"アンテナ

※40：F-16
ゼネラル・ダイナミクス（現ロッキード・マーティン）が米空軍の求めを受けて開発した軽量戦闘機。小型・軽量かつ高い機動性を持つが、F-15よりも安価、かつ多用途性を持たせた戦闘機に仕上げられた。まず、一人乗り（単座）のA型と二人乗り（複座）のB型が登場、後に改良型のC型とD型に進化した。いずれも、細かい仕様の違いから複数の「ブロック」に分類される。
最新型のF-16Vは、飛行性能は据え置きとしつつ、レーダーやその他のセンサー機器、コンピュータ、搭載兵装などの「中身」を新型化して、戦闘能力を高めたモデル。見た目は変わり映えしないが、戦力としての有用性は大きく向上する。

※41：F-111
ゼネラル・ダイナミクス（現ロッキード・マーティン）が開発した、可変後退翼を持つ大型の戦闘機。敵地に低空で侵攻して爆撃するのが基本的な使い方だが、後には空対地核ミサイルを搭載する、戦略爆撃機に近いモデルも作られた。

手元にあるF-111[41]戦闘機のフライトマニュアルを調べてみたところ、IFFにアンテナ選択の機能があるのが目を引いた。「AUTO」に加えて「LOWER」、つまり胴体下面のアンテナだけを使用する選択肢がある。用のない範囲にまで電波をばらまかないための配慮だろうか。

非協力的目標識別（NTCR）

IFFは、探知された側が持つIFFトランスポンダーの応答に依存して識別を行っている。つまり、相手の協力に依存して識別を行う手段といえる。

それに対して、依存せずに識別を行う手段も存在する。これを非協力的目標識別（NCTR：Non-Cooperative Target Recognition）という。相手が協力してくれないのだから、手元にある手段、すなわちレーダーで得られる情報だけを使って、相手が何者なのかを判断しなければならない。

となると、戻ってくる反射波を解析するぐらいの方法しか思いつかない。つまり、相手の機種やその向きによって反射波に何らかの変化が生じるのであれば、「どの機体に対して、どちらの向きから電波を当てたらどういう反射が戻ってくるか」を調べる。そのデータに基づいて、実際に探知した目標の正体を推測する。そういう理屈になる。

ただし実際に、どのような方法でNCTRを実現しているかは秘中の秘。まるで公になっていないのが実情である。せいぜい「このレーダーにはNCTR能力がある」ぐらいの話が関の山で、その一例としてE-3セントリーAWACS（Airborne Warning And Control System）機のAN/APY-2レーダーがある。E-3は高い敵味方識別能力を備えているからこそ、「E-3に乗っている管制員が許可を出さなければ交戦できない」という話が成立する。

第2部
軍用レーダーいろいろ

原理原則の話はこれぐらいにして、
次は「実際にどんな製品があるか」という話に移りたい。
レーダー製品を設置する場所やプラットフォーム、レーダー製品の用途は多岐にわたるので、
できるだけ広い範囲を取り上げてみたい。

※1：RTX
いずれもアメリカに本拠地を置くレイセオン、プラット&ホイットニー、ロックウェル・コリンズが合併して発足したレイセオン・テクノロジーズが、2023年7月に改称した後の新社名。もともと、株式市場でレイセオン・テクノロジーズを示す記号（ティッカー・シンボル）がRTXだった。

※2：ヒューズ
正式名称はヒューズ・エアクラフト。アメリカの企業で、もともとは航空機メーカーだが、宇宙開発にも黎明期から参入しており、さまざまな探査機や通信衛星を手掛けた。ミサイルや防衛電子機器の分野にも進出したが、これらは事業売却により手元に残っていない。そのヒューズのミサイル部門や防衛電子機器部門を傘下に収めたのが、レイセオン（現RTX）である。

※3：F-15イーグル
マクドネルダグラス（現ボーイング）が米空軍の求めを受けて開発した戦闘機。大きな主翼とハイパワーのエンジン、高性能の射撃管制レーダーを備えて、優れた機動性を備えた最高の制空戦闘機を目指した。これが当初のモデルで、一人乗り（単座）のA型とC型、二人乗り（複座）のB型とD型がある。
その機体のポテンシャルを活かして、複座のD型をベースにして昼夜・天候を問わずに対地攻撃を行う能力を持たせたのがF-15Eストライクイーグル。空だけでなく地面も見なければならないので、当然ながらレーダーの仕様にも違いがある。

※4：F/A-18ホーネット
マクドネルダグラス（現ボーイング）が米海軍の求めを受けて開発した、空母搭載用の戦闘攻撃機。当初から戦闘機と対地・対艦攻撃機を兼ねる設計で、機動性のみを追求するのではなく、さまざまな任務にバランスよく対応できる。これが当初のモデルで、一人乗り（単座）のA型とC型、二人乗り（複座）のB型とD型がある。

レイセオンの戦闘機用レーダー

　この後でRTX[1]（旧レイセオン・テクノロジーズ）の艦載レーダーを取り上げるが、ここではまず、同じRTXでも戦闘機用のレーダーを紹介したい。元をたどるとヒューズ[2]の製品だが、ヒューズの防衛電子機器部門がレイセオンの傘下に入った関係で、今はレイセオン改めRTXの製品になっている。

大きく分けると2系列

　そのRTXの戦闘機用レーダーのうち、現行の米軍機で制式採用されたものを大きく分けると2系列ある。ひとつはF-15イーグル[3]用で、AN/APG-63に端を発する流れ。もうひとつはF/A-18ホーネット[4]用で、AN/APG-65に端を発する流れ。

　ただしこの2系列、それぞれ別個に発展してきたわけではなく、相互交流が発生しているのが興味深い。そして、発展の過程でアクティブ・フェーズド・アレイ、つまりAESAレーダーに進化している点で軌を一にしている。

　まず、F-15のA/B/C/D型が搭載した初期モデルが、プレイナー・アレイ・アンテナを用いるAN/APG-63。搭載機が制空戦闘機なので、対空専用である。

レドームを開いたF-15A。機首に搭載しているレーダーは対空専用のAN/APG-63

　そのF-15をベースにして対地攻撃能力を追加したデュアルロール戦闘機がF-15Eストライクイーグルだが、そうなると当然、レーダーも対地攻撃に対応したモードが必要になる。そこで登場したのがAN/APG-70。地上目標の捕捉に加えて、合成開口レーダー（SAR）の

モードを備えた。

　なお、米空軍ではF-15C/DについてもAN/APG-70に換装したが、こちらは出番のない対地モードを省略したようだ。

　その後、1970年代の技術で作られたAN/APG-63の信頼性不足を改善するため、信頼性・保守性の改善を図るとともに将来に向けた発展の土台を持たせたモデルができた。これがAN/APG-63(V)1で、主な変更点は、送信機、受信機、低圧電源、シグナル・データ・コンバータとなっている。信頼性についてはベースモデルの10倍に向上したとされる。米空軍のF-15C/D（2011年の時点で180機）に加えて、航空自衛隊のF-15J近代化改修機も、AN/APG-63(V)1を導入した。

　一方、F/A-18ホーネットのA/B/C/D型はAN/APG-65を搭載した。F/A-18の機首はF-15より細いので、アンテナも電子機器もコンパクトにまとめる必要がある。また、すぐ後ろに機関砲が陣取っているので、振動対策も必要になったと思われる。

　次に、F/A-18E/Fスーパーホーネット[※5]ブロックIが搭載したのが、AN/APG-65にAN/APG-70の技術を取り入れて改良したAN/APG-73。プロセッサの処理能力向上、電源のソリッドステート化[※6]、受信機/励振器[※7]の新型化、といったあたりが主な変更点。初期型ホーネットの中にも、AN/APG-73を搭載した機体がある。

　ここまでが機械走査式アンテナ[※8]を持つモデルである。

一部の初期型F/A-18にも搭載されたAN/APG-73射撃管制レーダー。機械走査式で、対空・対地モードを併せ持つ

※5：F/A-18E/F
F/A-18A/B/C/Dホーネットでは航続性能が物足りない等の不満があり、機体をスケールアップするとともにエンジンをパワーアップした機種。ニックネームはスーパーホーネット。一人乗り（単座）のE型と二人乗り（複座）のF型がある。目下の米海軍航空の主力にして、映画『トップガンマーヴェリック』の主役機でもある。

※6：ソリッドステート化
本来は「固体状態にする」という意味だが、エレクトロニクスの分野では、真空管のような電子管を使う代わりに半導体を用いる手法を指す。また、可動部を廃して電子的な処理に置き換える手法を指すこともある。パソコンやスマートフォンで用いられているソリッド・ステート・ドライブ（SSD）は、この両方の意味があるといえる。

※7：励振器
英語ではエキサイターという。レーダーを構成する機器のひとつで、これと送信機（トランスミッター）ならびに受信機（レシーバー）を組み合わせることで、電波の送信と受信を実現している。送受信の切り替えにはデュプレクサーを使用する。

※8：機械走査式アンテナ
レーダー用アンテナのうち、広い範囲を走査するためにアンテナの向きを機械的に変える仕組みを持つアンテナのこと。

AESA化と相互交流

　RTXの戦闘機用レーダーで最初にAESA化したのは、F-15C/D

※9：アンテナ・アレイ
複数のアンテナを並べて構成するアンテナで、一般的にはフェーズド・アレイ・レーダーのアンテナを意味する。

※10：フロントエンド／バックエンド
レーダーの分野では、実際に電波を出したり受けたりするアンテナまわりをフロントエンド、その背後で動作する送受信機やシグナル・プロセッサといった電子機器のことをバックエンドと呼ぶ。

※11：レーダー改良計画(RIP)、レーダー近代化改修計画(RMP)
主として軍用機の分野で、既存のレーダーを新型に取り替える計画につけられる名称。そのときどき、あるいは対象によって異なる用語が用いられているが、大意は同じ。

用のAN/APG-63(V)2。これはアラスカの基地に配備した18機にのみ搭載した、いわば暫定モデルで、四角いアンテナ・アレイ※9を備えている。アンテナと、それを制御する部分を新しくしたが、その他はAN/APG-63(V)1と変わっていない。業界の言い方をすると、フロントエンド※10だけを新型化して、バックエンド※10はそのまま使った。

F-15で初めて導入したAESAレーダーが、AN/APG-63(V)2

次に、スーパーホーネット・ブロックII用のAESAレーダーが登場した。それがAN/APG-79。捜索・射撃管制レーダーとしての機能だけでなく、電子攻撃(EA：Electronic Attack)の機能を備えているともいわれる。

一方、F-15用における本命のAESA化モデルはAN/APG-63(V)3で、米空軍ではF-15C/Dを対象とするレーダー改良計画※11(RIP：Radar Improvement Program)を立ち上げて導入した。AESA化したアンテナを制御するソフトウェアはAN/APG-63(V)2から継承したが、そこにAN/APG-79の技術を活用した新設計の円形アンテナ・アレイを組み合わせた。

AN/APG-63(V)1との相違点としては、そのアンテナのハードウェアに加えて、電源と環境制御システムがある。しかし、それ以外はAN/APG-63(V)1と共通だから、新しくなるコンポーネントだけ替えれば(V)1が(V)3に化ける。

F-15C/Dは制空戦闘機だから対地モードがなくても困らないが、F-15Eは話が違う。そこで、F-15Eについてもレーダー近代化改修計画※11(RMP：Radar Modernization Program)が立ち上がり、そこで登場したのがAN/APG-82(V)1。計画段階ではAN/APG-63(V)4といっていたが、後で別形式を起こした。もっとも、最初にAN/APG-63を名乗ったこと自体、共通性の高さを窺わせるものがある。

RTX

AN/APG-63の流れ
をくむAESAレーダー、
AN/APG-82（V）1
を搭載したF-15Eのイ
メージ画像

　AESA化したアンテナをはじめとするフロントエンドはAN/APG-
63（V）3から持ってきたが、プロセッサ（GPP3：Common Config-
uration General Purpose Processor）をはじめとするバックエンド
はAN/APG-79から持ってきた、いわば「集大成としてのいいとこ取
り」をしたレーダーである。米空軍のF-15EがAN/APG-82（V）1へ
の換装を実施しているほか、イスラエル空軍のF-15Iラームも AN/
APG-82（V）1に換装している。

┃相互交流することのメリット

　こうしてみると、2系列のレーダーが相互に交流する形で発展して
きている様子がわかる。搭載する機体が違うので、ハードウェアは別
個にならざるを得ない部分が多い。だが、相互に流用できる部分を
流用すれば、開発リスクの低減、ひいてはコストの低減や開発スケ
ジュールの短縮につながる。

　ちなみに、AN/APG-79は航空自衛隊のF-4EJ後継機選定に際し
て、スーパーホーネットとセットで提案されていたが、ガードの堅さが
印象に残っている。せっかく記者説明会を開いても、ちょっと立ち入っ
た内容に及ぶと「それはお答えできません」となってしまう上に、アン
テナ・アレイの外観がわかる写真すら、まったく出回っていない。

　保全にうるさいF-35ですら、AN/APG-81レーダーのアンテナ・
アレイを撮影した写真が出回っているというのに、この違い。よほど
何かとんでもない飛び道具を隠し持っているのか、それとも米海軍の
情報管理が厳しいだけなのか。そこのところは謎だ。

　なお、これらAESAレーダーの開発経験を活かして、RTXでは

※12：EA-18グラウラー
複座型スーパーホーネットで
あるF/A-18Fをベースに改
造した、電子戦専用型。後
部座席にECMO（電子戦
担当士官）が乗る。

※13：ウェスティングハウス
アメリカの電機メーカーで、創
立は1886年。発電・送電に
始まり、鉄道車両用の電機
品やブレーキ装置、ラジオ・
テレビ放送関連機器、原子
炉など、手掛けた製品分野
は多岐にわたる。レーダーを
手掛けた防衛電子機器部
門は、現在はノースロップ・グ
ラマンの一部門。

F-16用のAN/APG-84 RACR(Raytheon Advanced Combat Radar。「れーさー」と読む) を開発した。しかし、F-16の換装用として採用が確定した事例はないまま、現在に至っている。

　また米海兵隊の初期型F/A-18向けに、RACRをAN/APG-65と取り替える案を売り込んだ。しかし結局、この提案は引っ込めて、AN/APG-79のアンテナ部分を小型化したAN/APG-79(V)4を導入することになった。その理由は、AN/APG-79を装備しているF/A-18E/FやEA-18Gグラウラー[※12]との共通性を確保するため。ただし、旧型ホーネットはスーパーホーネットよりノーズコーンが小さいため、アンテナを小型化する必要があった。だから別形式を起こした次第。

ノースロップ・グラマンの対空用多機能レーダー

　お次はノースロップ・グラマンのレーダー。レーダーを手掛けている会社だとは思われていないかも知れないが、実は防衛電子機器の分野では大手である。

航空機だけのメーカーではない

　ノースロップ・グラマンはその名の通り、ノースロップとグラマンが合併してできた会社だが、両社の出自と過去の実績から、「航空機メーカー」というイメージが強そうだ。しかし実際は違う。論より証拠、毎年出している業績報告を見ると、航空機を手掛けているエアロスペース・システムズ・セクターの売上と、電子機器などを手掛けているミッション・システムズ・セクターの売上は拮抗していることがわかる。

　1996年にウェスティングハウス[※13]の防衛電子機器部門を買収したことで、同社が手掛けていたレーダーがごっそり、ノースロップ・グラマンの製品に組み入れられた。その代表格がF-16戦闘機のレーダー、AN/APG-66とAN/APG-68である。その戦闘機用レーダーの話は後で取り上げるとして、まずは米海兵隊向けの対空多機能レーダーから。

多機能レーダーG/ATOR

制式名称はAN/TPS-80、名称はG/ATORといい、Ground/Air Task Oriented Radarの略。これを「げいたー」と読む。Sバンドの電波を使用する、車載式のアクティブ・フェーズド・アレイ・レーダーだ。これは、米海兵隊で使用していたレーダーの更新と機種統合を目的とした製品で、2005年に開発契約を受注した。

従来は、対空捜索レーダー、航空管制レーダー、対砲兵レーダーといった具合に、用途別にそれぞれ別個のレーダーを使用していた。すると、海兵隊の地上部隊が移動する際には多数のレーダーと関連機材を連れて歩かなければならない。もちろん、その分だけレーダーを扱うのに要する人手も増える。陸軍以上に身軽に動くことを身上としている海兵隊としては、できれば持ち歩く装備も整理統合して数を減らしたい。そこで、ひとつのレーダーで複数の機能を兼ねてくれると、持ち歩く荷物が減るので助かる。

そこでG/ATORは、海兵隊が使用していたレーダー6機種のうち、以下の5機種の機能をひとまとめにすることになった。

- AN/TPQ-46対砲兵レーダー
- UPS-3二次元対空捜索レーダー
- AN/TPS-63航空管制レーダー
- AN/MPQ-62防空システム用レーダー
- AN/TPS-73広域航空管制用レーダー

この整理統合により、4人編成×5組の要員を必要としていたものを1組に削減する、という触れ込みだ。とはいうものの、いきなりすべての機能を実装するのは大変なので、開発は以下のように段階的に行った。

- インクリメント[14]Ⅰ：短距離の航空監視と防空任務に対応
- インクリメントⅡ：対砲兵レーダーと目標指示の機能に対応
- インクリメントⅢ：新型の敵味方識別装置（IFF）・モード5/モードSへの対応、対妨害能力の改善、非協力的目標識別（NCTR）機能の追加など
- インクリメントⅣ：航空管制機能に対応

レーダーの用途によって、求められる機能や能力、重点を置くべき

※14：インクリメント
辞書的には「増加」「増大」という意味だが、武器システムの分野では段階的な開発・改良を行う際に、個々の段階を指す言葉として用いられる。

分野には違いがある。それをひとまとめにして状況に応じて使い分けられるのは、ビームのコントロールやシグナル処理にソフトウェアを活用する、アクティブ・フェーズド・アレイ・レーダーの強みといえる。ただし、それを支えるソフトウェアの開発能力があってこそ、という点を忘れてはならない。

┃ G/ATORの構成要素

G/ATORの構成要素は、REG（Radar Equipment Group、レーダー機器グループ）、CEG（Communications Equipment Group、通信機器グループ）、PEG（Power Equipment Group、電源機器グループ）の三種類。

REGはレーダー本体のことで、アンテナは縦長の一面構成・全周回転式。対空捜索や航空管制なら全周監視の必要があるが、対砲兵レーダーとして使用する場合には、脅威の方に向けて固定するのではないだろうか。

そのレーダー機器とアンテナをトレーラーに載せており、後述のPEGで牽引して移動する。そして、使用するときだけアンテナ・アレ

G/ATORを構成する機材一式。左がCEG（通信機器）、中央がREG（レーダー本体）、右がPEG（電源兼牽引車）。

イを立てる構造になっている。なお、敵味方識別に使用するIFFは AN/UPX-40のようだ。アンテナ上部に付いている横長の棒が、IFF のアンテナであろう。

このほか、他のシステムとの通信を担当するCEGがあり、これは 四輪駆動車のHMMWV(High Mobility Multi-Purpose Wheel-ed Vehicle、ハンヴィー)に所要の通信機材を積み込んだもの。また、電源を供給するPEGは、60kWの発電機を載せたMTVR (Medi-um Tactic-al Vehicle Replacement)軍用トラックで、牽引車の機能 も兼ねている。

海兵隊らしいのは、これらの機材を空輸できるよう求めたこと。CH-53やMV-22では、先の三点セットを個別に吊下空輸するし、C-130輸送機ならまとめて機内に搭載して空輸する。運用する場所 に到着したら、レーダーを載せたトレーラーを牽引車兼用のPEGか ら切り離して、アウトリガーを展開して車体を安定させる。そして、REG、PEG、CEGの間で電源や通信用のケーブルを接続すると、運用が可能になる。

G/ATORは開発開始からすでに20年近くが経過している。そのため、送受信モジュールが途中で変わっている。開発時期の関係か ら、最初はガリウム砒素 (GaAS) 半導体を使用していたが、それを 窒化ガリウム(GaN)に改めた。既存のGaAS半導体モデルも、GaN 半導体の送受信モジュールに取り替える。これにより、効率と性能の 改善を実現できよう。また、部品が共通になって種類が減れば、補給 整備の負担が減る。

なお、ノースロップ・グラマンはG/ATORの開発経験を活かして、米海軍の艦載レーダー計画に参入しようとした。しかし、これらはレ イセオン (現RTX)が勝者となった。

ノースロップ・グラマンの戦闘機用レーダー

続いて、同じノースロップ・グラマンが手掛ける戦闘機用のレー ダーを取り上げてみたい。先にも書いたように、これはウェスティング ハウスが源流にある。

F-35のレーダーとF-16のレーダーを手掛ける

　ウェスティングハウスの買収によってF-16用のレーダーがノースロップ・グラマンの製品になったのは既述の通りだが、それに加えて、F-35のAN/APG-81レーダーもノースロップ・グラマンの製品である。高い分解能が求められる分野だから、いずれも周波数はXバンドを使用している。

　F-16用のAN/APG-66やAN/APG-68は機械走査式だが、F-35用のAN/APG-81はいうまでもなくアクティブ・フェーズド・アレイ、いわゆるAESAレーダーになっている。送受信モジュールの数は1,676個で、ガリウム砒素（GaAs）半導体を使用している。

　F-35がマルチロール戦闘機だから、AN/APG-81は当然、対空だけでなく対地・対水上捜索も行えるし、合成開口レーダー（SAR）の機能を使って地上のレーダー映像を得る使い方もできる。

　ノースロップ・グラマンの戦闘機用AESAレーダーはこれだけではなくて、F-16用レーダーの換装需要を狙った製品も開発した。それがAN/APG-83 SABR（Scalable Agile Beam Radar）。SABRは「せいばー」と読む。

　このSABRは、レイセオン（現RTX）のAN/APG-84 RACRと競合して、米空軍からの受注を決めた。米空軍では既存のF-16C/DについてレーダーをSABRに換装する形。また、F-16の最新モデルであるF-16Vも、SABRを搭載する。新造のF-16Vでも、既存機のF-16V化改造でも、そこは変わらない。

　では、わざわざ費用をかけてレーダーを換装するメリットは何か。もちろん、最新技術を用いたレーダーの方が、探知能力に優れるだけでなく、対妨害能力にも優れているだろうと期待できる。

　しかしそれだけの話ではない。機械式に首を振って走査する従来型レーダーを、固定式アンテナ・アレイを使用するAESAレーダーに替えれば、可動部が減るので信頼性の向上につながる。また、ビームの向きを電子的に制御できるから、異なる複数の方向を同時に捜索することもできる。機械走査式レーダーでは、アンテナが向いている方向しか捜索できない。

　SABRが難しいのは、搭載する機体が先に決まっていること。電子

F-16のレーダーを、AN/APG-83 SABRに換装している作業の現場。おそらくは保全上の理由から、まだアンテナは取り付けていない状態での撮影。

機器のボックスもアンテナ本体も、F-16の機首にあるレーダー設置スペースにすっぽり収まるように設計しなければならない。その代わり、開発に成功すれば、元のインストール・ベースが多いだけに、大きな需要を見込める。

　2019年の夏に海兵隊のF/A-18CにSABRを試験搭載して、フィッティング・チェック[15]を実施したことがある。もともとF-16用に開発した製品だから、F-16とは機体形状が異なるF/A-18への搭載を企図するのであれば、まず物理的に収まるかどうかの確認が必要になるのだ。しかし結局、海兵隊はAN/APG-79（V）4の採用を決めたため、SABRの搭載は実現しなかった。

　余談だが、F-16用のレーダーを他機種に転用した事例は身近なところにある。航空自衛隊のF-4EJ改がそれで、AN/APG-66の派生型、AN/APG-66Jを載せていた。

SABR派生型の構想がいろいろ

　ノースロップ・グラマンは、パッシブ・フェーズド・アレイ・レーダーのAN/APQ-164を搭載しているB-1B爆撃機向けに、換装用と

※15：フィッティング・チェック
艦艇や軍用機や車両に対して、新しく何か機器を載せるときに行われる、物理的な形状・サイズが適合するかどうかの確認作業。意味としては、洋服や靴が自分の身体に合うかどうかを確認するフィッティングと同じ。

※16：統合防空・ミサイル防衛
一般的には「防空・ミサイル防衛を同時並行的に実施すること」と解されているようだ。しかし、本質は「ひとつの戦闘システムで、脅威の種類を問わず、一元的に対処できる」部分にあるのではないかというのが筆者の考え。

してSABR-GS (Scalable Agile Beam Radar - Global Strike) の構想を明らかにしたことがある。

しかし、B-1Bはすでに新型爆撃機B-21レイダーによる置き換えが決まっている機体。そのB-1Bが今後、どれだけ長く使われるのかという問題がある。もしも退役がそう遠くないのであれば、多額の資金を投入してレーダーを換装しても割に合わない。そうした事情によるのか、SABR-GSの話は沙汰止みになったようだ。

とはいえ、もしも米空軍がSABR系列のレーダーをさまざまな機種に導入することになれば、スケール・メリットを発揮できたのは確かだ。ハードウェアだけでなく、ソフトウェアの開発や維持管理にもいえることである。

なお、ノースロップ・グラマンは、SABRの技術を応用した陸上用のレーダーも開発した。それが、車載式の多機能Xバンド・レーダー、HAMMR (Highly Adaptable Multi-Mission Radar)。無人機対策（C-UAS：Counter Unmanned Aircraft System）だけでなく、統合防空・ミサイル防衛[※16]（IAMD：Integrated Air and Missile Defense）まで視野に入れている。

HAMMRは、2020年にフロリダ州のエグリン空軍基地で実証試験を行っている。このレーダーはHMMWV（ハンヴィー）に載せて車載化するとのことなので、かなりコンパクトにまとめられているはずだ。もっとも、元が戦闘機搭載用だからコンパクトにまとまっているのは当然だが。

パトリオット地対空ミサイルのレーダー

次は、日本でもおなじみ、パトリオット地対空ミサイルのレーダーを取り上げる。なお、日本の防衛省・自衛隊では「ペトリオット」と書いているが、本稿では「パトリオット」で通す。

誘導方式はTVM

英単語のpatriotには「愛国者」という意味があるが、実は地対空

ミサイル・システムの場合、PATRIOT（Phased Array Tracking Radar Intercept on Target）という頭文字略語でもある。フェーズド・アレイ・レーダーでターゲットを追尾・交戦する、という機能そのまんまで、うまいバクロニムを考えたものだと思う。

　パトリオットが使用する多機能型フェーズド・アレイ・レーダーは、当初はAN/MPQ-53。後に改良型のAN/MPQ-65レーダーが登場した。AN/MPQ-65を使用するのは、コンフィギュレーション3以降のシステムである。コンフィギュレーションといってもハードウェアの違いだけではなくて、ソフトウェアのバージョンも上がっている。改良型のAN/MPQ-65Aでは、非協力的目標識別（NCTR）の機能も加わっているらしい。

　もともとパトリオットは1970年代に、地対空ミサイルとして開発された。その特徴は、TVM（Track Via Missile）という誘導方式にある。

　セミアクティブ・レーダー誘導のミサイルでは、発射元のプラットフォームが用意するミサイル誘導レーダーが目標を照射する。ミサイルは、目標に当たって反射してきたレーダー電波を受信して、それに基づいて自らを目標に導く。

　ところがパトリオットのTVMでは、ミサイルはシーカーが受信したレーダー電波の情報をそのまま使うのではなく、いったん、無線で地上の射撃管制システムに送る。そして射撃管制システムは、自身のレーダーによるミサイルと目標の追尾データ、それとミサイルからダウンリンクしてきた反射波のデータに基づいて飛翔コースを計算して、ミサイルにそれを指示する。ただし命中直前の終末誘導段階では、ミサイル自身が反射波のデータを使って誘導を行う。

　これは、ターゲットとなった敵機が囮を撒いたり、妨害を仕掛けてきたりしたときの対処能力を高める目的で考案された仕組み。AN/MPQ-53レーダーやAN/MPQ-65レーダーは、この複雑な誘導システムを実現するため、捜索と追尾に加えて、ミサイルからのダウンリンク受信と、ミサイルへの誘導指令送信機能も包含している。だからアンテナ面には、捜索・追尾用レーダーの大きなアレイ・アンテナだけでなく、小さなアンテナが幾つも付いている。

　このうち、メインのアレイ・アンテナは面白い構造。後部に組み込まれた送信機から放射した電波をアンテナ・フェイスの背面から吹

き付けて、位相を制御した上で送り出す仕組みになっている。

なお、TVMを使用するのはRTX（旧レイセオン）製のパトリオット地対空ミサイルのみ。パトリオットのシステムを用いるミサイルには、弾道弾迎撃用のPAC-3（Patriot Advanced Capability 3）もあるが、これはロッキード・マーティン製で、誘導方式はアクティブ・レーダー誘導。だからTVMは使わない。

パトリオットのAN/MPQ-53レーダー。上の丸いアンテナ・アレイがレーダー本体で、下に並んでいるのがその他の送受信用。回転はしないので、脅威の方に向けて据え付ける必要がある

全周カバーを実現したLTAMDS

艦載用のレーダーや対空戦闘システムは、どちら側から脅威が飛来しても対処できるように全周をカバーできる設計とするのが通例だが、パトリオットは違う。レーダー・アンテナなどを取り付けたパネルは1枚だけで、それを脅威の方向に向けて立てる。したがって、そのパネルが向いていない方面はカバーできない。電子的に首を振る設計なので、カバーできる範囲は左右に90度程度となろうか。

ところが、脅威のレベルが上がってきたとか、弾道ミサイル防衛の機能を強化する必要に迫られたとか、弾道ミサイル防衛も巡航ミサイル防衛も航空機からの防衛もまとめて実現する必要に迫られたとかいう理由で、レーダーの高機能化が必要になった。そこで出てきた要求項目の一つが「全周対応」。ミサイルは発射後に方向転換すれば済むが（ただし時間と運動エネルギーを余計に使う）、レーダーはそうは行かない。

そこで2016年に持ち上がった新型レーダー開発計画が、LTAMDS※17（Lower Tier Air and Missile Defense Sensor）だった。もちろん、エネルギー効率が高い窒化ガリウム（GaN）の送受信モジュールを使用するAESAレーダー、いわゆるアクティブ・フェーズド・アレイ・レーダーとする。

これに対してロッキード・マーティンは、一面回転式のフェーズド・

アレイ・レーダーを使用する案を出した。レーダー自体の名称はARES（AESA Radar for Engagement and Surveillance）という。これだと全周を均等にカバーできるが、アンテナが物理的に回転している以上、全周の同時監視にはならない。瞬間的にだが、穴が開く。

対してレイセオン（当時）が提案したのは、3面固定式のフェーズド・アレイ・レーダーを使用する案。ただし同じものを3枚並べるのではなくて、大型のメイン・アレイが1面あり、その背面に左右斜め後方を向けて2枚のサブ・アレイを並べる方法。

もちろん、メイン・アレイの方が能力的に優れているはずで、これを主たる脅威の方に向ける。それでお留守になる副次的脅威については、2面のサブ・アレイでカバーするという発想。全周をカバーできるが、向きに応じて重み付けが違ってくることになる。

そして米陸軍が2019年の11月に採用を決めたのは、レイセオン案だった。これを、後で出てくるマサチューセッツ州アンドーバーの事業所で手掛けているが、諸事情により見学はかなわなかった。

もちろん、アンテナ・アレイの構造の違いだけで採否が決まったわけではないだろうが、なにかしらの影響があったのは確かであろ

米陸軍が採用を決めた、レイセオン（現RTX）案のLTAMDS。大きなメイン・アレイと、小さなサブ・アレイが2面で構成する様子がわかる

※18：FPS-5
航空自衛隊が使用している対空捜索レーダーのひとつ。「ガメラレーダー」という渾名があるが、これは高さが約34mある六角柱の建物に3面取り付けられたレーダーの外見が、カメの甲羅に似ていることに由来する。

※19：CEAテクノロジーズ
オーストラリアの防衛電子機器メーカーで、SEAFARやSEAMOUNTといった艦載フェーズド・アレイ・レーダーを手掛けている。元海軍士官2名が1983年に設立した。当初から豪海軍向けの電子機器製品に特化している。

※20：ANZAC級フリゲート
オーストラリアとニュージーランドが共同調達した水上戦闘艦で、ドイツのブローム・ウント・フォスが開発したMEKO A200型がベース。近年、オーストラリアとニュージーランドはそれぞれ別個に近代化改修を実施しており、両国で搭載装備が大きく違ってきている。

う。「全周均等だが間欠的」と「全周同時監視が可能だが、向きによって重み付けが違う」を比較して、後者を選定した背後にどんな考え方があったのか。個人的に興味を覚える。

「そういえば、他にも似たようなことをやっているレーダーがあったな」と思ったら、なんのことはない。航空自衛隊のJ/FPS-5[18]、通称「ガメラレーダー」がそれである。三角柱（厳密には角を落としているので六角柱）の筐体に、主アレイ1面と副アレイ2面を取り付けており、状況に合わせて向きを変える（口絵4ページ参照）。

航空自衛隊のレーダーサイトは、おしなべて辺鄙な場所の山の上にあるものだが、J/FPS-5のうち1基は、青森県・大湊の駅前から見上げることができる場所に据えられている（020ページの写真）。

豪CEAの艦載対空レーダー

続いて取り上げるのが、オーストラリア製の艦載レーダー。業界関係者、あるいはこの分野に関心が深い方ならともかく、それ以外の方にとっては「えっ、オーストラリアで艦載レーダーなんて造ってるの？」となりそうだ。

CEAFARとCEAMOUNT

実は、オーストラリアにはCEAテクノロジーズ[19]という会社があって、ここで同国海軍のANZAC級フリゲート[20]に搭載する艦載レーダーを開発した。そのレーダーが、CEAFAR（シーファー）とCEAMOUNT（シーマウント）。

CEAFARはSバンド（2〜4GHz）の電波を使用する、対空捜索用のレーダー。もちろんアクティブ・フェーズド・アレイ型で、1面のサイズは、横幅1,340mm、高さ2,700mm、重量400kg。ひとつのアンテナは16個のタイルを組み合わせて構成しており、ひとつのタイルに64個の送受信モジュールを組み込んである。つまり、アンテナ1面には64×16＝1,024個というキリの良い数の送受信モジュールがある。送受信機とシグナル・プロセッサをアンテナ・アレイと一体化し

ており、そこに冷却水の流路を設けて発熱対策としている。

　普通、この手のレーダーは4面で全周をカバーするが、CEAFARが変わっているのは6面構成になっていること。ひとつのアレイで60度の範囲をカバーすることになる。仰角についても60度までカバーできる。

　そのCEAFARとペアを組むのが、ミサイル誘導用イルミネーター[※21]のCEAMOUNT。ANZAC級は艦対空ミサイルとしてRIM-162 ESSM (Evolved Sea Sparrow Missile) を使用している。これはセミアクティブ・レーダー誘導なので、目標を照射するレーダーが必要になる。

　このCEAMOUNTで使用する電波の周波数帯はXバンド (8〜12.5GHz)。こちらもアクティブ・フェーズド・アレイ型で、256個の送受信モジュールを持つ20cm四方のタイルを4個組み合わせて、ひとつのアンテナ・アレイを構成する。つまり、こちらも送受信モジュールの数はキリ良く1,024個で、重量は225kg。アレイは縦長なので、4段に並べたのではないかと思われる。

　CEAFARは6面構成だが、CEAMOUNTは4面構成。そして、ひとつのアレイでカバーできる範囲は、左右方向が90度、上下方向が-30〜+70度となっている。

※21：イルミネーター
セミアクティブ・レーダー誘導のミサイルでは、外部から目標に向けて、誘導用の電波を照射する必要がある。その電波照射を受け持つのがイルミネーター。捕捉追尾の機能を兼ねるものは射撃管制レーダーあるいは射撃指揮レーダーに分類されるが、照射のみを行うイルミネータ専用機もある。

ASMD改修を実施する前の、ANZAC級の第1形態。これは4番艦の「スチュアート」

　これらを搭載するのがASMD (Anti Ship Missile Defence) 改修で、艦対空ミサイルとしてRIM-162 ESSMを導入するとともに、CEAFAR多機能レーダーとCEAMOUNT射撃指揮レーダーを搭載した。その際、艦の中央部に塔状のレーダー・マストを追加して、そこにCEAFARとCEAMOUNTを取り付けた。マストの頂部には遠距離対空捜索用のAN/SPS-49レーダーを載せたが、これはANZAC

級がもともと装備していたものだ。これで、ANZAC級フリゲートは「第2形態」に進化した（ゴジラか）。

ただ、AN/SPS-49は実績ある製品だが、回転式アンテナだから全周の同時捜索はできない。そこでさらに、AMCAP（Anzac Mid-life Capability Assurance Program）改修を実施することになった。AN/SPS-49を降ろして、レーダー用の塔型構造物を上に拡張する。そこに、CEAテクノロジーズ製のCEAFAR-2Lレーダーを取り付けるものだ。これで、ANZAC級フリゲートは「第3形態」に進化した。

横須賀に来航した2番艦「アランタ」。ASMD改修に続いてAMCAP改修を済ませた「第3形態」にあたる。アンテナ・マストの上部にある菱形のアンテナが対空広域捜索用のCEAFAR-2L、その下にある、少し小さい菱形のアンテナが対空精密捜索用のCEAFAR、CEAFARの間にある小さな縦長のアンテナがミサイル誘導用のCEAMOUNT

実装に際しての課題

ASMD改修やAMCAP改修により、大きな塔状構造物が新たに載ることになった。もっとも、その塔状構造物の中身がミッシリ詰まっているわけではないから、見た目ほどには重心は上がっていないと思われる。もちろん、その辺の検討や計算はちゃんとやっているはずだ。どうしても重心が上がってしまうとなれば、他の何かを降ろして重心を下げるとか、艦底にバラストを積むとかいう策が必要になる。

フェーズド・アレイ・レーダーのアンテナは、小さな送受信モジュールをたくさん並べたものだから、相応に重い。しかし、それを制御する機器やコンピュータ、電源は艦内に設置できる。ただし設計者が実装のことを何も考えず、アンテナも電子機器もひとまとめにしてしまうと、重量物が高所に集中して実装の担当者が泣く。

つまり、性能のいいレーダーを作ることはもちろん大事だが、それをプラットフォームに実装するときのことまで考えて設計しないといけ

ない。なにも艦載レーダーに限らず、「軍事とIT」に関わるすべての製品にいえることだ。

　重心高以外にも考慮しなければならないファクターはある。たとえば、大きな塔状構造物が艦の中央部にそそり立つから、その分だけ風圧側面積[22]は増える。すると、横風を受けたときの操艦性（特に接岸・離岸のとき）に影響が生じる可能性が懸念される。

　面白いのは、アンテナ・アレイの向き。現物を見ると、アレイが向いている角度は艦首方向を0度とした場合、30度、90度、150度、210度、270度、330度。左右の真横を向いた平面はあるものの、アレイが小さいから平面の面積も小さい。横風のことだけ考えれば、角度を30度ずらして艦首方向と艦尾方向に1面ずつ配する方が良さそうだが、そうすると今度はマストなどの構造物が干渉しそうだ。そう考えるとやはり、実艦の配置に落ち着く。

　ANZAC級の改修では、すでにある艦のレーダーを後から載せ替えているから、その分だけ制約がきつい。新規設計の艦の方が、最初からそのつもりで設計できるだけ有利であろう。

改良型のCEAFAR2とハンター級フリゲート

　これらの実績を踏み台にして、ANZAC級の後継艦ハンター級フリゲート[23]にも同社製のレーダーを載せることになった。

　そこで2014年から開発を始めたのが、CEAFARやCEAMOUNTの後継となるCEAFAR2。Lバンド版（CEAFAR-2L）、Sバンド版（CEAFAR-2S）、Xバンド版（CEAFAR-2X）の3種類を用意する計画になっている。前二者が対空捜索用、最後のXバンド版がミサイル誘導用であろう。

　ＣＥＡＦＡＲ２では、送受信モジュールの半導体をガリウム砒素（GaAs）から窒化ガリウム（GaN）に変更する。8段×8列＝64個の送受信モジュールを束ねてひとつのタイルを構成して、それを複数並べて菱形のアンテナ・アレイを形成する。

　用途によって、組み合わせるタイルの数が変わる。個艦防空用の「Self-defence face」ではタイルを4×4＝16個（モジュール数1,024個）、艦隊防空用の「Air-defence face」ではタイルを8×8＝64個（モ

※22：風圧側面積
艦艇用語で、側面から風を受けたときに、その風の影響を受けて押される部分の面積を指す言葉。分かりやすくいえば、船体の上に大きな「箱」が載っていると風圧側面積が大きくなる。

※23：ハンター級フリゲート
オーストラリアがANZAC級の後継として計画を進めている新型水上戦闘艦で、英海軍の26型（グラスゴー級）がベース。ただし、搭載する装備は異なる。

※24：指揮管制装置
軍隊が戦闘任務に従事する際に、指揮官は、上がってきた報告に基づいて状況を把握した上で、付与された任務を達成するために何をする必要があるかを考えて、それを実行するための命令を下達する。このプロセスは古来、人間の頭脳に頼って行われてきたが、戦闘の大規模化・スピード化によって、対応が難しくなってきた。そこで、コンピュータを活用するようになった。それを艦上では指揮管制装置ということが多い。イージス戦闘システムではC&Dと呼んでいる。陸上では、もっとスケールが大きくなり、指揮管制システムと呼ぶことも多い。

※25：イージス戦闘システム
イージス艦が搭載する各種の武器と、それを制御するコンピュータ・システムや通信システムの集合体を指す言葉。対空・対水上・対潜と多様な分野を扱うが、特に対空戦闘を行う部分が中核であり、これをイージス武器システムと呼ぶ。

※26：オープン・アーキテクチャ
システムを構成するハードウェア群やソフトウェア群を、特定メーカーの特定の製品に限定するのではなく、個別に、自由に取り替えがきく設計にする思想、あるいは手法のこと。こうすることで、導入後の機能拡張や能力向上を容易に実現できると期待できる。

ジュール数4,096個）。艦隊防空用では探知距離を長くする必要があるため、モジュール数を増やす。

　前述のANZAC級フリゲートは、すでに建造してからかなりの時間が経過しており、老朽化が進んでいる。そこで後継艦の計画があり、英海軍の26型フリゲートをベースとする艦を建造することになった。これに、ANZAC級と同様にCEAFAR2を搭載する。ただし、艦の「頭脳」にあたる指揮管制装置[※24]が違う。ANZAC級はサーブの9LVを使っているが、ハンター級はロッキード・マーティンのイージス戦闘システム[※25]を使用する。

　では、ハンター級はイージス艦なのか？　というと判断が難しいところ。もちろん、イージス艦で使用しているAN/SPY-1シリーズと比較すると、CEAFAR2の方が世代が新しい分だけ、進化しているところもある。しかし、アレイはAN/SPY-1の方が大きく、アンテナの数も多い。

　そのことを考えると、いわゆるイージス艦と同等の能力をハンター級が発揮できるかどうかについては否定的にならざるを得ない。では、どうしてオーストラリアがこういう選択をしたのか。

　思うに、指揮管制装置の分野でも高度化が進んでおり、特にソフトウェアの開発は手間がかかっている。そこで、レーダー探知の情報に基づいて脅威評価や意思決定を行う部分については、実績があって熟成されているイージス戦闘システムのものを使い、そこに自国製のレーダーを組み合わせることで産業基盤維持も両立させた、ということではないだろうか。

▌イージスとCEAFAR2の仲介役

　もちろん、今のイージス戦闘システムはさまざまなレーダーに対応できるオープン・アーキテクチャ[※26]設計になっている。ロッキード・マーティンの担当者がそういっているのだから本当だ。

　ただし、そのイージス戦闘システムを、オーストラリアが「自国製のレーダーを組み合わせたいから」といって、勝手にいじるわけにはいかない。物理的に実現可能かどうかという問題ではなく、アメリカによる武器輸出規制・保全規定の問題が関わってくるからだ。

　そこで、イージス戦闘システムはアメリカから渡されたものをその

まま使い、それとCEAFAR2レーダーの間に「仲介役」を入れることになった。それをATI[27]（Australian Tactical Interface）という。

実は、これはすでに、オーストラリア海軍のホバート級駆逐艦（この後の第3部に写真がある）でも用いられている手法。ホバート級はレッキとしたイージス艦だが、オーストラリアが独自に組み合わせたウェポン・システムとイージス戦闘システムの間を取り持つために、ノルウェーのコングスベルク[28]が開発したATIを導入した。ただし、ハンター級のATIはコングスベルクではなく、サーブが手掛けることになっている。

サーブのジラフ・ファミリー

続いて、「え、あの会社がレーダーを作ってるの？」というメーカーを取り上げる。スウェーデンのサーブである。元をたどるとエリクソン[29]の防衛電子機器部門だが、業界再編でサーブの一部門となった。

戦闘機だけのメーカーではない

まず、ありがちな誤解を解くところから始めると、かつて存在したクルマのサーブ（Saab Automobile AB）と、防衛関連メーカーのサーブ（Saab AB）は別法人である。厳密にいうと、前者は後者の自動車部門として後から発足した。その、クルマのサーブがどうなったかは本題ではないので措いておく。

防衛関連メーカーのサーブは、J35ドラケン、J37ビゲン、JAS39グリペンといった戦闘機で知られているほか、日本ではサーブ340旅客

サーブといえば、真っ先に想起されるのは戦闘機だろう。これはJAS39Cグリペン。同機が搭載するレーダーや電子戦装備もサーブ製だ

※27：ATI
もともと、AN/SPY-1シリーズのレーダーを使用する前提で作られているイージス戦闘システムは、他のレーダーを制御する術を持たない。そこで、イージス戦闘システムとCEA製レーダーの間に入り、レーダーの動作に関する指令や、レーダーから得た探知情報を、相互に変換・通訳する機能が必要になった。それがATI。

※28：コングスベルク
ノルウェーの防衛関連企業で、発足は1814年。日本ではペンギン、NSM、JSMといった対艦ミサイル製品で知られているが、航空宇宙、舶用機器、無人潜水艇といった事業も手掛けている。

※29：エリクソン
スウェーデンの通信機器メーカー。日本では、ソニーと組んで携帯電話やスマートフォンを手掛けている件が有名だが、基地局設備も手掛けている。防衛電子機器の分野でも著名で、サーブ製戦闘機のアビオニクスを多く手掛けた。現在、その防衛電子機器部門はサーブの傘下に移っている。

※30：コックムス
スウェーデンの造船所で、1840年にスウェーデン南西のマルメで旗揚げした。そのマルメに加えて、スウェーデン南部のカールスクローナにも造船所があり、ここでヴィスビュー級コルベットや潜水艦を手掛けている。海上自衛隊の掃海艇建造で技術面の支援を提供したことがある。

機がなじみ深い。それだけでなく、実は防衛電子機器の分野でもけっこうな地位を占めている。また、2014年にティッセンクルップからコックムス※30を買収したことで、艦艇建造も手掛けるようになった。

その防衛電子機器部門では、レーダー、電子戦装置、艦載指揮管制装置といった製品があるが、レーダーについていうと主に、以下のような製品がある。

● エリアイ：早期警戒機用のレーダー。スウェーデンをはじめとする複数の国で導入実績がある。四角い棒状のアンテナを持つフェーズド・アレイ・レーダーで、これを小型旅客機の胴体上に搭載する。

● PS-05/A：JAS39グリペンの眼となる射撃管制レーダー。

● ジラフ：陸上用のレーダー。後述するように複数の製品がある

● シージラフ：陸上用のジラフを艦載化した製品。もちろん陸上用との共通性は高い。

● ARTHUR：名称はARTillery HUnting Radarの略で、その名の通りに対砲兵レーダー。つまり、敵の砲兵隊が撃ってきたときに、飛んでくる弾の弾道を追跡して、発射地点を割り出すためのレーダー。日本の近所では、韓国陸軍で使っている。

Koji Inoue

エリアイ・レーダーをサーブ340に搭載したアーガス早期警戒機。こんな構造だから、電波は主として左右に飛ぶはずで、側面を脅威の方向に向けて飛ぶ必要がありそうだ

これらのうち、ジラフ・シリーズに着目してみる。なにしろ自国のみならず、アメリカの海軍や沿岸警備隊でも導入実績がある。

ジラフ・レーダーのファミリー展開

英語でgiraffeといえばキリンのこと。実は、最初に登場したジラフ・

レーダーは、アンテナを折り畳み式のアームに載せる構造で、使用するときにはそのアームを頭上に展開するようになっていた。するとアンテナの位置が高くなるので、その分だけ広い範囲をカバーできる。その、アームを展開した様が「キリンっぽい」と思ったのだろうか。

現在の製品群は、以下の面々になっている。

● ジラフ1X
● ジラフAMB
● ジラフ4A
● ジラフ8A

ジラフ1XはXバンド（Iバンド）を使用する小型の三次元レーダーで、上下方向は電子走査式、アンテナ自体は回転式（毎分60回転）。仰角70度までカバーでき、探知可能距離は75kmとされる。主として、地対空ミサイルのための対空捜索や、経空脅威の探知・警報を受け持つ。

ジラフAMBはCバンド（C/Hバンド）を使用する小型の三次元レーダーで、上下方向は電子走査式、アンテナ自体は回転式（毎分60回転）。仰角70度までカバーでき、探知可能距離は120kmとされる。地対空ミサイルのための対空捜索や、経空脅威の探知・警報に加えて、広域対空捜索にも対応する。AMBはAgile Multi-Beamの略。

そしてジラフ4AはSバンド（E/Fバンド）、つまりジラフAMBより低い周波数帯を使用する、やや大型の三次元レーダー。上下方向は電子走査式、アンテナ自体は回転式（毎分30回転または60回転）。仰角70度までカバーでき、探知可能距離は対空捜索モードで280km、対砲兵モードで100km。窒化ガリウム（GaN）の送受信モジュールを使用している。

基本型のジラフ4Aは1面回転式だが、これを固定式アンテナ・アレイにしたFF（Fixed Face）モデルもある。このFFモデルについては、極超音速飛翔体[31]を探知するためのモードを追加する計画がある。当然、全周をカバーするには複数のアンテナ・アレイを必要とする。

ジラフ8AはSバンド（E/Fバンド）を使用する、ジラフ4Aよりも大型の三次元レーダーで、上下方向は電子走査式、アンテナ自体は回転式（毎分24回転）。仰角65度までカバーでき、探知可能距離は対空

※31：極超音速飛翔体
マッハ5を超える速度で飛翔する能力を備えたミサイルの総称。自ら動力源を持つものと、ロケット・ブースターで加速して慣性で滑空飛翔するものがある。

※32：ESM
「電子支援手段」と訳される。電子戦のうち、敵のレーダーや通信機などが発する電波を傍受・解析して、EA（電子攻撃）やEP（電子防御）を実現するために必要となるベース資料を構築する作業。ES（電子支援）ともいう。

※33：ヴィズビュー級コルベット
スウェーデン海軍が2009~2015年に5隻を就役させた小型水上戦闘艦。徹底したステルス設計と、フォーム材を炭素繊維複合材でサンドイッチした船体構造材が特徴。小型だが、対潜・対水上戦に対応できる兵装をひととおり備える。

※34：インディペンデンス級沿海域戦闘艦
米海軍が建造を進めている沿海域戦闘艦（LCS）のうち、トリマラン（三胴船）を採用したモデル。ステルス・高速・多用途性が売りで、敵地に近い沿岸海域に乗り込んで暴れる構想だった。しかし、この構想が近年の安全保障情勢に合わなくなってきている感はある。

搜索モードで470km。窒化ガリウム（GaN）の送受信モジュールを使用している。

ジラフ8Aで面白いのは、レーダーなのに逆探知、つまりESM[32]（Electronic Support Measures）の機能を備えているところ。一方で、ジラフ4Aと違って対砲兵モードは持たない。つまり広域対空搜索が主眼となる。

ジラフ4Aとジラフ8Aは同じSバンド・レーダーであり、ハードウェアやソフトウェアの共通性も相応に高いようだ。共通化できるものは共通化する方が合理的である。

ジラフAMB。元祖ジラフと同様に、アンテナ部を折り畳み式のアームに載せている

同じベースモデルから陸海に製品展開

これらのレーダー製品群のうち、ジラフ1X、ジラフAMB、ジラフ4Aには艦載型があり、それぞれシージラフ1X、シージラフAMB、シージラフ4Aと称する。

シージラフAMBはスウェーデン海軍のヴィズビュー級コルベット[33]に加えて、AN/SPS-77（V）1という制式名称で米海軍のインディペンデンス級沿海域戦闘艦[34]も搭載している。幸いなことに、どちらのクラスの艦も現物にお邪魔したことがあるが、いずれもレーダーがエンクローズされた構造物の中に収まっているので、外からは見えない。

米沿岸警備隊の巡視船でもシージラフAMBを載せた事例がある。さらに、米海軍の空母と揚陸艦に搭載する新型航空管制レーダーAN/SPN-50も、シージラフAMBの派生型だ。正式に導入が決まれば20隻以上に載ることになると計算できる。

造船所で整備中のヴィズビュー級。艦橋上部の円錐形構造物の中に、シージラフAMBレーダーが収まっている

こちら、米海軍のインディペンデンス級。艦橋構造物の上にある、白い円錐形のカバーが、AN/SPS-77（V）1の設置場所

　つまり、同じベースモデルを陸上だけでなく艦載用にも展開することで製品ラインを低リスクで拡張して、商機を広げている。これは誰でも考えることだが、レーダー製品で陸海を股にかけてシリーズ展開している事例は珍しい。

　もちろん、陸上用と艦載用では艤装の仕方が違うし、求められる機能にも違いがある。そもそも、艦上では土台が揺れるのだから、動揺を打ち消すための処理を加えないと仕事にならない。だから、単に同じものを載せ替えてポン付すればOK、という話でもない。意外と難しい仕事だ。

　アクティブ・フェーズド・アレイ・レーダーの心臓部となる送受信モジュールは、以前はガリウム砒素（GaAs）半導体を使用していたが、2010年代の後半から窒化ガリウム（GaN）にシフトした。他社もそうだが、最初に送受信モジュールを開発・熟成することで、組み合わせる数やアンテナの構造を変えながら製品ラインを広げることができる。

　中小というには存在感が大きいが、決して業界の巨人とはいえないサーブにとって、少ないリソースとリスクで商機を広げるのは大事

※35：シグナール
オランダの防衛電子機器
メーカーで、特に艦載用の
レーダーに強い。現在はタレ
ス・グループ傘下のタレス・
ネーデルランドとなっている。
海上自衛隊でも、ここの製品
をいろいろ導入している。

な課題。「数が出ないのでお値段が高くなります」では買い手がつ
かない。

タレスがアピールする4Dレーダー

タレスはフランス、オランダ、イギリスなど複数の国に拠点を構える
多国籍企業だが、艦載レーダーを手掛けているのは、主としてオラン
ダのタレス・ネーデルランドである。ある程度、年配の方なら、旧社
名のシグナール[35]で馴染み深いだろう。

実は日本にも馴染みがある会社

海上自衛隊の「しらね」型護衛艦がシグナール製の射撃管制レー
ダーを載せていた時期があったし、「ひゅうが」型ヘリコプター護衛
艦や「あきづき」型護衛艦などが使用しているミサイル誘導レーダー
も、この会社との関わりがある。実は意外と、日本とも縁がある会社
だ。

そのタレスの艦載レーダーというと、対空三次元レーダーのSMA
RT-SとSMART-S Mk.2がベストセラーになっている。その名の通り
にSバンド（2〜4GHz）の電波を使用する製品で、アンテナは回転
式。三次元レーダーだから、上下方向は電子的にビームの向きを変
える仕組み。探知可能距離はアンテナ回転数によって変わり、毎分
27回転で150km、毎分13.5回転で250km。ゆっくり回す方が探知
距離が長い。仰角は70度までカバーできる。

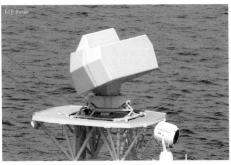

カナダ海軍のハリファ
ックス級フリゲートが搭
載している、SMART
-S Mk.2レーダー

続いて登場した新型のSバンド・レーダーが、NS100とNS200。どちらも、回転式のアンテナを使用するAESAレーダーだ。外見はよく似ているが、NS200の方がアンテナが大きい。縦方向に拡大しているようだ。送受信モジュールは窒化ガリウム（GaN）を使用しており、アンテナの回転数は30rpmで変わらない。機材が水冷式になっているところは艦載レーダーらしい。

当然、その違いは探知能力の差に現れる。NS100は最大探知距離280kmだが、NS200は400kmある。AESAレーダーを構成する送受信モジュールの数が多く、その分だけ性能が上がるということだろう。対水上レーダーとしても使用できるが、そちらの探知距離は両方とも80kmで変わらない。どのみち水平線以遠は見えないのだから、これで用が足りる。

「それなら、性能がいいNS200だけあればいいのでは?」と思いそうになるが、NS100は1,300kg未満、NS200は1,550kgと、甲板上に据え付ける機器の重量に違いがある。小型艦では小さくて軽いレーダーの方がありがたいので、小型のレーダーもラインナップしておく方が、営業上は好都合。

メーカーは明言していないようだが、使用する送受信モジュールやソフトウェアの共通化は図っていると思われる。コストとリスクを抑えながら製品ラインナップを拡大して多様なニーズに対応できれば、その方が商売になる。

❙4Dレーダー

このNS100やNS200で面白いのは、「4Dレーダー」といっているところ。4Dといっても、Macintosh用のデータベース「4th Dimension」とは関係ない。

普通、三次元レーダーというと「距離、方位、高度がわかる」という意味である。タレスがいう4Dレーダーでは、さらに「角速度[36]」という要素が加わる。それが個艦防御に重要なのだという説明だ。

ちょっと考えてみれば、それは容易に理解できる。飛来する対艦ミサイルをレーダーが捕捉・追尾しているとき、自艦に向かってくるミサイルは角速度が少なくなる。他の艦など、あさっての方に向かって

※36：角速度
普通、速度というと時間あたりの移動距離のことだが、角速度は時間あたりの角度変化を意味する。対象物を目で追っているときに、速く移動するために視線の向きが急速に変化すると、「角速度が大きい」という。

※**37：トラフィック**
交通の分野では、自動車、列車、飛行機などの通行あるいは通行量のこと。コンピュータ・ネットワークの分野では、データの流れあるいはデータ量のこと。

いるミサイルは角速度が大きくなる。

その差を知ることは、脅威評価、つまり「自艦に向かってくるヤバいミサイルを識別する作業」において有用だ。極端なことをいえば、個艦防空では自艦に向かってくるミサイルだけが問題であり、そこでは角速度が小さい探知目標ほど危険な存在となる。だから角速度の情報は重要という理屈になる。

角速度を割り出すには、「目標を一回探知して終わり」ではなく、連続的に捕捉・追尾しなければならない。そのデータを積み重ねて幾何学的な計算処理を行う必要があり、これはデータ処理を受け持つソフトウェアの領域である。

クラッター除去をAIにやらせるドローン・ドーム

最近、大きなイベントの席ではたいてい「ドローン禁止」という告知がなされている。また、飛行場の周辺も同様に「ドローン禁止」である。空中衝突なんか起きたら一大事だから、当然のことである。ここでいうドローンとは、一般に想起される電動式マルチコプターと、ほぼ同義であろう。しかし実際には、どんな無人機であれ同じように脅威である。

ドローンでトラフィックが止まる

現実問題として、空港の周辺にドローンが現れたせいでトラフィック※37が阻害される事案が幾つも発生している。海外だとイギリスのガトウィック空港、日本でも関西国際空港で、実際にそういう事案があった。

すると予防的な安全措置として、こうした重要施設については平素からドローンの接近を探知するとともに、無力化する手段が必要になる。ハードキル、つまり破壊する選択肢も考えられるが、平時に民間組織が取れる対策は、妨害電波による無力化に限られるのではないだろうか。

そこで、イスラエルのラファエル・アドバンスト・ディフェンス・シ

空港で発着する飛行機にとっては、小さな電動式マルチコプターでも十分に危険な存在になる

※38：ラファエル・アドバンスト・ディフェンス・システムズ
イスラエルの大手防衛関連メーカー。無人機、電子機器、ミサイルなどの誘導武器が主な製品分野。

ステムズ※38が開発したのが、「ドローン・ドーム」。レーダーで周辺空域を監視して、ドローンの接近を探知すると、電子光学センサーを指向して対象物を目視確認する。そして脅威になり得るドローンだと判断したら、妨害電波を発して強制着陸に追い込む。

　ただし口でいうのは簡単だが、まず正確な探知を行うのが難しい。なぜか。

AIでクラッターの問題を解決

　前述したように、背景に何もない空中の探知目標と比較すると、地面や海面などといった背景物が存在する場面の方が、探知が難しい。本来の探知目標からの反射波が、背景物からの反射波、すなわちバックグラウンド・クラッターに紛れてしまうからだ。

　そして、地上に設置したレーダーで低空を飛行するドローンを探知しようとすると、相手の高度が低い。すると必然的にレーダー・アンテナの仰角は小さくなる。結果として、背後にある地勢、植生、建物などからの反射が発生する可能性が高い。それでは、本物の探知がクラッターの中に紛れ込んでしまい、見逃す可能性が出てくる。

　しかも、低空を飛行する小型のドローンは、そもそもサイズが小さいから反射波の強度が弱い。それに加えて飛行速度がゆっくりなので、ドップラー・シフトの量が少ない。すると、ドップラー・シフトを利用して探知するのは難しい。

　かといって、ドップラー・シフトの閾値を下げると、今度は誤探知が続発する可能性が出てくる。それでは使い物にならないし、レーダーが狼少年化して、肝心なときに信じてもらえなくなる事態も懸念

※39：RADAシステムズ
主としてレーダー製品を手掛
けている、イスラエルの防衛
電子機器メーカー。伊レオナ
ルド傘下のアメリカ企業、
DRSテクノロジーズと合弁
で、DRS RADAテクノロジー
ズを設立している。

される。

　そこでドローン・ドームでは、人工知能（AI：Artificial Intelli-
gence）に解決策を見出した。基本的な考え方は、受信した反射波
の中からクラッターに関するものを取り除けば良い、というもの。しか
し、どうやってクラッターをクラッターと認識して取り除くのか。

　そこでAIを活用して「学習に基づく推論」を発揮させる。実際に
レーダーをさまざまな場面で使用することで、どこからどんなクラッ
ターが返ってくるかというデータが蓄積される。そのデータを学習し
て、クラッターの除去に活用するというわけ。

　クラッターを除去すれば、本物のドローンからの反射波だけが残
る。ドップラー・シフトの利用は「本物のドローンからの反射波だけを
抽出する」という考え方だが、それとは真逆のアプローチといえる。

　すでに「ドローン・ドーム」はシンガポールのチャンギ空港などで
導入している。導入事例が増えれば、レーダー探知に関するデータ
の蓄積も進む。結果として、クラッター除去の精度も上がると期待で
きる。AIと深層学習の正統的な使い方といえる。

レーダー自体は既製品

　ちなみに、「ドローン・ドーム」で使用しているレーダーは既製品
だ。これもイスラエル製で、RADAシステムズ[39]製のMHR（Multi-
Mission Hemispheric Radar）という。このレーダーは直径50cmの
円形アンテナを持つAESAレーダーで、3面で全周をカバーできる。
電波の周波数帯はSバンドだ。

ドローン・ドームのレー
ダー「MHR」。直径
50cmのアンテナを3
方向に向け、全周をカ
バーする

RADAシステムズの説明によると、MHRはナノUAVなら5km、中型UAVなら25kmの距離で探知可能だとしている。また、ラファエルでは「ドローン・ドームは0.002平方メートルのターゲットを3.5kmの距離で探知できる」といっている。

MHR自体は先にも書いたように汎用品だから、ドローン探知専用というわけではない。施設警備や対砲兵レーダーとしての利用事例があるほか、レーザー兵器の目標探知用として採用した事例が複数存在する。米陸軍では、ストライカー装甲車[40]を使用する自走防空システムの対空捜索用として、このMHRを採用した。

「ドローン・ドーム」が面白いのは、その汎用品のレーダーに自前のシグナル処理技術を組み合わせて、ドローン探知に長けた製品を作り出したところにある。

民間の電波を利用するパッシブ・レーダー

パッシブ・レーダーの基本的な考え方

では、パッシブ・レーダーはどのようにして探知を成立させているのか。実は、電波の発信源にはテレビ・ラジオの放送局や移動体通信[41]の基地局といった、既存の電波発信源を使用する。位置が決まっていて、継続的に電波を出してくれないと仕事にならないので、こうした電波発信源を利用するようだ。

用途が違っても電波であることに変わりはないので、送信した電波が空中の何かに当たれば反射する。その反射波を捉えて探知目標の位置を評定するのが、パッシブ・レーダーということになる。

この種の製品は意外と歴史があり、BAEシステムズ[42]が2002年に発表した「セルダー」構想[43]あたりが初出だろうか。これは「cell-dar」という綴りで、携帯電話を意味する「cellular」と「radar」を組み

※40：ストライカー装甲車
スイスのモワグ（MOWAG）が開発した8×8装甲車ピラーニャⅢをベースに、米陸軍の要求に合わせて仕立て直した装甲車。地域紛争や対テロ戦を念頭に置いて、空輸による迅速な展開と、ネットワーク化による協調交戦を考慮している。兵員輸送型以外に、偵察型、戦車砲搭載型、迫撃砲搭載型など、さまざまな派生型がある。

※41：移動体通信
ひとつところに固定されておらず、移動しながら通信できるようにした機器、システム、あるいはサービスのこと。一般向け通信サービスの発端は自動車電話だが、現在では携帯電話とほぼ同義。

※42：BAEシステムズ
ブリティッシュ・エアロスペース（BAe）、マルコーニ、ヴィッカースなど、イギリスの防衛関連メーカーが合流してできた総合防衛装備品メーカー。陸海空すべての装備を手掛けるほか、電子戦やIFFといった電子機器部門にも強い。アメリカ、オーストラリア、サウジアラビアにも拠点を持ち、特にアメリカの事業規模は大きい。

※43：「セルダー」構想
BAEシステムズが披露したパッシブ・レーダー構想。携帯電話の基地局から出る電波を利用するのが名称の由来。実用装備には至らなかった。

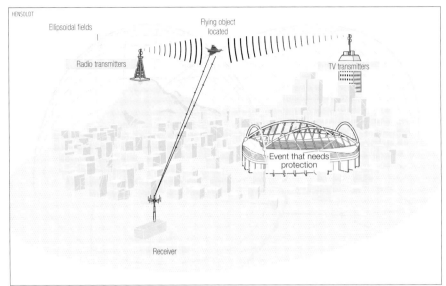

独ヘンゾルト社のパッシブ・レーダー「TwInvis」のリーフレットに描かれたパッシブ・レーダーの運用イメージ。パッシブ・レーダーは、電波発信源として既存の放送局や移動体通信網を使い、受信機だけを用意する

合わせた造語だ。

　ことに移動体通信の場合、あちこちに基地局があるので、電波発信源がたくさん存在することになる。すると、いながらにしてマルチスタティック※44探知が可能になる。

　拙著『F-35とステルス』でも触れているが、「ステルス機が発信源と異なる、特定の方向にだけレーダー電波を反射する」ように設計されているのであれば、送信機と異なる場所に受信用のアンテナを置いておけば、という発想が出てくる。それを拡張すると、送信機と受信機を離れた場所に複数設置してネットワーク化することになり、それがマルチスタティック・レーダーである。移動体通信を発信元として利用すれば、少なくとも送信側は追加投資なしでマルチ化できる。

　つまり、パッシブ・レーダーは対ステルス・レーダーという一面があるといえる。

パッシブ・レーダーの製品事例

　BAEシステムズのセルダーは具体的な製品に至らなかったようだ

が、調べてみると、パッシブ・レーダーの製品事例は意外とある。

たとえば2010年に、フランスのパリにあるヴィラクブレー空軍基地で、タレス製のパッシブ・レーダー・HA100 (Homeland Alerter 100) を設置した。低・中高度を監視するもので、レンジは100km。テレビ・ラジオ放送の電波を利用して、小型・低速の空中ターゲットを捕捉するのが目的だとされる。

お隣ドイツのヘンゾルト[45]でも、パッシブ・レーダーを手掛けている。前身のカシディアンが2012年に開発を発表しており、これがTwInvis(トゥインヴィズ)という製品に結実した。名称は"twin"と"invisible"を組み合わせた造語。自ら電波を出さず、逆探知ができないので "invisible" というわけだ。

TwInvisは車載式で、移動展開が可能。やはりテレビ・ラジオ放送の電波を利用しており、半径250kmの範囲内で最大200目標の探知が可能だとしている。これをネットワーク化すれば、広範囲にマルチスタティック探知網を展開する可能性につながりそうだ。

このほか、中国のCETCインターナショナル[46]が2014年に、DWL002というパッシブ・レーダーを展示会に出している。マスター・ステーションが1基、サブステーションが2~4基で、戦闘機を400kmの距離で探知できるとされる。

そのDWL002のベースになったとされるのが、チェコ製のVERA - E。これはその後も改良が行われて、2018年にチェコ軍が新型VERA-NGの導入を決めている。

※45：ヘンゾルト
ドイツに拠点を置くエアバスの防衛電子機器部門がカシディアンという名前で独立した後、レーダーや光学センサーを手掛ける部門が独立して、2017年2月に発足。カール・ツァイスの防衛部門なども傘下にある。

※46：CETCインターナショナル
中国国有の防衛電子機器メーカー。レーダー関連製品、電子戦関連製品、指揮管制システムなどを手掛けている。

第3部

イージス艦のレーダーと、その製造現場

ここまで、レーダーの基本と、実際に存在する
さまざまなレーダー製品の紹介という流れで進んできた。
では、そうしたレーダー製品は、どのようにして作られているのか。
幸いにも、アメリカのメーカー2社の御厚意により、
イージス艦に搭載するレーダーを実際に製作している現場を見る機会があったので、紹介したい。

※1：シコルスキー
ロシア革命の後でアメリカに
亡命・帰化した技術者、イー
ゴリ・シコルスキーが1913年
に設立した航空機メーカー。
当初は固定翼機も手掛けて
いたが、1930年代からヘリコ
プターの開発に取りかかり、
第二次世界大戦後はヘリコ
プター専業。2015年にロッ
キード・マーティン傘下となり、
現在は同社ロータリー&ミッ
ション・システムズ部門の一員。

ロッキード・マーティンのLRDRとSPY-7

筆者は2019年の暮れに、ロッキード・マーティンのロータリー&ミッション・システムズ部門が事業所を構えている、アメリカはニュージャージー州ムーアズタウンを訪れた。ここでは、イージス戦闘システムや、そこで使われているAN/SPY-1（スパイワン、と読む）などのレーダーを手掛けている。

航空機だけのメーカーではない

日本の新聞やテレビでは、なぜか未だに昔の名前で「ロッキード社」と書かれてしまう。そのせいもあってか、ロッキード・マーティンというと「航空機メーカー」というイメージが定着していそうだが、それは大間違いというものだ。

ロッキード・マーティンには複数の事業部門があるが、そのうち固定翼機を手掛けているのはエアロノーティクス部門。F-35やF-16といった戦闘機、そしてC-130輸送機も、ここの担当。

それとは別に、ロータリー&ミッション・システムズという部門があって、シコルスキー※1のヘリコプターはこちらが担当している。ところがそれだけでなく、イージス戦闘システムも、そこから派生した各種艦載指揮管制装置も、イージス戦闘システムの眼となるAN/SPY-1レーダーも、各種レーダー製品も、ロータリー&ミッション・システムズ部門が手掛けている。この部門で手掛けているレーダーは、以下のように多岐に渡る。

- AN/SPY-1レーダー
- AN/SPY-7 (V) レーダーとその派生型
- スペース・フェンス
- LRDR (Long-Range Discrimination Radar)
- AN/TPQ-53対砲兵レーダー
- HDR (Homeland Defense Radar)

AN/SPY-1はイージス戦闘システムの眼となるレーダーで、対空捜索を中核とする多機能型のパッシブ・フェーズド・アレイ・レー

ダー。

　AN/SPY-7は、新型のアクティブ・フェーズド・アレイ・レーダー。日本向けのイージス・アショア[※2]、改めイージス・システム搭載艦に加えて、スペイン海軍の新型フリゲートF-110型[※3]（ボニファス級）や、カナダ海軍の新型水上戦闘艦CSC[※4]（Canadian Surface Combatant）にも搭載する。名称は同じAN/SPY-7だが、それぞれ仕様は異なり、別々のサブタイプとなる。

　スペース・フェンスは宇宙状況認識（SSA：Space Situation Awareness）用のレーダーで、マーシャル諸島のクエゼリン環礁に、頭上に向けてばかでかいフェーズド・アレイ・レーダーを据え付けるもの。これを使って、上空を通過する衛星やスペースデブリなどを監視する。

スペース・フェンス施設の模型

　LRDRはアラスカのクリアー基地に設置する、弾道ミサイル追尾・識別用のレーダーだ。

　HDRは米ミサイル防衛局（MDA：Missile Defense Agency）が計画している、アメリカ本土に飛来する弾道ミサイルをミッドコース段階で迎撃するための捕捉追尾用レーダー。ハワイに設置構想があるほか、グアム島への配備も取り沙汰されている。

　これらのレーダー製品のうち、陸上で敵の砲弾やロケットが飛んできたときに追尾して発射地点を逆算するAN/TPQ-53は毛色が違うので措いておくとして、その他のレーダーに共通するのは、すべて周波数帯にSバンドを使用しているところ。

　そして今のレーダーは、ハードウェアだけでなく、シグナル処理を受け持つソフトウェアの良し悪しが重要である。ロッキード・マーティンは、Sバンドのフェーズド・アレイ・レーダーをファミリー展開してお

※2：イージス・アショア
イージス艦のイージス戦闘システム一式を陸上に設置して、ミサイル防衛の拠点とするもの。動き回ることはできないが、少ない人員で24時間フルタイムの警戒監視・交戦が可能になるのが利点。日本でも導入計画があったが頓挫し、多機能イージス艦の導入で機能を代替することとなった。

※3：F-110フリゲート
スペイン海軍が計画を進めている新型水上戦闘艦で、ボニファス級ともいう。イージス戦闘システムをベースとする戦闘システムを持つが、防空艦ではなく、我が国でいうところの汎用護衛艦に近い立ち位置。

※4：CSC
カナダ海軍が計画を進めている新型水上戦闘艦で、イギリス海軍の26型フリゲート（グラスゴー級）がベース。ただし搭載兵装の陣容は大きく異なる。

り、その過程でハードウェアだけでなくソフトウェアにも磨きをかけてきたといえる。

LRDRの作り方

そのファミリー展開の過程で、起点となったのがLRDR。横に5列、縦に2段、合計10枚のアンテナ・アレイを並べて、巨大な1面のアンテナを構成する。それが2面で、ひとつのLRDRができる。ムーアズタウンの事業所で、LRDR試験施設の建屋に取り付けるのは単体のアンテナ・アレイ。

ひとつのアンテナ・アレイは、高さ27ft（8.23m）だという。それを横に5列、縦に2段並べるので、アンテナ全体のサイズは20m四方ぐらいになる。いきなり20m四方のばかでかいレーダーを作ったのでは製作もテストも輸送も大変だから、10分割になっている。

テストは分割した個々のアレイごとに実施する。それを個別に運び出して、現場で組み合わせるわけだ。テスト中のアンテナ・アレイを裏側から見せてもらったが、単独でもけっこうなサイズだった。それ

LRDRの想像図。左の隅に書かれている車両と比較すると、いかに巨大な物かがわかると思う

が10枚も並べば、もはやレーダーというより建物である。

その高さ27ftのアレイは、一体構成するのではない。まず、一列分の送受信モジュールを取り付ける、頑丈な金属製のフレーム（ストラクチャー）を製作する。それをジグ[※5]に据え付けて、そこに上から下向きに送受信モジュールを差し込んでいく。このとき、下がアンテナ面になる。これをズラリと並べて、大きなアレイを構成する。

サブアレイ・スイート

LRDRやAN/SPY-7シリーズでは、送受信モジュールを構成する個々のユニットのことを、「サブアレイ・スイート」と呼んでいる。

これは、窒化ガリウム（GaN）半導体を使用する送受信機とアンテナで構成するLRU[※6]（Line Replaceable Unit）、それと電源のLRUを一体化したもの。断面サイズは一辺が30cm程度で、奥行きはそれよりも長いから、全体では細長い直方体になる。

LRDRの場合、ひとつのストラクチャーは一列にサブアレイ・スイートを並べるだけだが、完成した複数のストラクチャーを起こして、横にズラッと並べることで、アンテナ・アレイを構成している。もちろん、サブアレイ・スイートの位置を精確に保たなければレーダーの探知精度を確保できないので、ストラクチャーは頑丈にできている。それを歪まないように、輸送したり据え付けたりするのも大事なノウハウだ。

LRDRと比べるとAN/SPY-7（V）シリーズは小型なので、AN/SPY-1シリーズと同様に、全体をひとつのストラクチャーで構成して、そこにサブアレイ・スイートを組み込むことになるだろうか。

サブアレイ・スイートの模型。右手前がアンテナ面で、小さなアンテナが並んでいる様子が見て取れる

※5：ジグ
機械あるいは機械部品の加工や組み立てを行う際に、位置決めや固定のために使う仕掛けのこと。英語でも同じ読みで「jig」と表記する。分野によって、似た字面だが部首が異なる「治具」と「冶具」を使い分けることもある。

※6：LRU
日本語では「列線交換ユニット」と訳される。飛行場の列線みたいな運用現場で交換できるように設計された、電子機器のユニットを指す言葉。見た目はコネクタ付きの箱。

※7：部分最適/全体最適
組織・機器・システムなどの一部、あるいは個人にとって最適となる状態を優先する考え方が部分最適。その対義語として、全体を俯瞰したときに最適となる状態を優先する考え方が全体最適。

※8：スケーラビリティ
スケールを変えられる能力、というぐらいの意味。IT業界で多用される言葉で、同じような技術・製品で組み合わせを変えれば大規模なシステムも小規模なシステムも作れますよ、という場合に「スケーラビリティがある」という。

サブアレイ・スイートを共用するファミリー展開

　もちろん、弾道ミサイルの捕捉追尾に使用するLRDRと、艦載多機能レーダーであるAN/SPY-7（V）シリーズでは、求められる機能も、サイズ・重量面の制約も異なる。だからといって、まったく別個のハードウェアを起こしていたのでは、部分最適※7にはなるかも知れないが、全体最適※7にはならない。使用する部品の種類が増えて、単価は上がり、維持すべき品目が増えてしまう。

　すると何が大事なのかといえば、スケーラビリティ※8である。同じキー・コンポーネントを共用しながら、小さなレーダーも大きなレーダーも作れるのが最善である。その点、小さな送受信モジュールのサブアセンブリを束ねて構成するアクティブ・フェーズド・アレイ・レーダーは有利である。なぜか。

　「探知距離は短めでもいいからコンパクトなレーダーが欲しい」という場合には、少数の送受信モジュールを束ねる。「強力なレーダーが欲しい」という場合には、多数の送受信モジュールを束ねる。個々の送受信モジュールが単体で完結した構成になっているから、そういうことができる。

　そこで、LRDRで使用するのと同じサブアレイ・スイートを、AN/SPY-7（V）シリーズでも共用している。もちろん、もっとも多数を使用するのはLRDRだが、AN/SPY-7（V）シリーズの方は、カナダ海軍のCSC、スペイン海軍のF-100、日本の新型イージスの順番でサブアレイ・スイートの数が増えるようだ。だから、日本向けはAN/SPY-7（V）1、他国向けはAN/SPY-7（V）2と名称も異なる。

　もちろん、アンテナのサイズや、そこに組み込むサブアレイ・スイートの数が変われば、サブアレイ・スイートを組み込んで固定するストラクチャーは個別に設計する必要がある。そして、サブアレイ・スイートが増えれば能力は向上するが、大きく、重くなり、消費電力も増える。だから、なにかしらのトレードオフは不可避だ。

　しかし、ストラクチャーに組み込むサブアレイ・スイートこそが中核であり、それを共通化できれば合理的である。量産効果で単価を下げられるだけでなく、補用部品の品目が減るので補給支援の合理化にもなる。

また、将来に性能のいいサブアレイ・スイートができれば、そこだけ新しいものに取り替えて性能向上を図ることもできる。現行のサブアレイ・スイートは窒化ガリウム（GaN）の送受信モジュールを使用する最先端の製品だが、それで進歩が止まるわけではない。

LRDRやAN/SPY-7(V)シリーズで面白いのは、レーダーを動作させたまま、裏蓋を外してサブアレイ・スイートのホットスワップ[※9]を行えること。取り外しも取り付けも、数十秒あればできる。LRDRは用途の関係で常時作動状態を維持したいという要求があり、それでこういう設計になったらしい。

ホットスワップは、AN/SPY-1みたいなパッシブ・フェーズド・アレイ・レーダーでは実現できない芸当だ。なぜなら、ひとつの送受信機から導波管が枝分かれして、移相器（フェーズ・シフター）を介して個々のアンテナにつながっているからだ。これでは送受信機とアンテナがワンセットではないから、一部だけ取り外すわけにはいかない。

それに、パッシブ・フェーズド・アレイ・レーダーではひとつの送信管から枝分かれする形で複数のアンテナを作動させているから、その構造の一部がオシャカになれば、全滅とはいかないまでも、相応の影響はある。

RTXのSPY-6シリーズ

続いて取り上げるのは、RTX社レイセオン部門のAN/SPY-6(V)シリーズである。2023年6月まではレイセオン・テクノロジーズのレイセオン・ミサイルズ&ディフェンス部門だった組織だ。

米イージス艦の新型レーダー

登場以来、ながらくAN/SPY-1シリーズを使い続けてきた米海軍のイージス艦だが、さすがに1970年代に開発されたAN/SPY-1シリーズを使い続けるのは無理がある。そこで開発された新型レーダーが、AN/SPY-6(V)1、名称をAMDR（Air and Missile Defense

※9：ホットスワップ
システムを構成する機器を、いちいち電源を落とさずに、稼動状態のままで抜き差しして交換できるという意味。サーバPCのハードディスクを動作中に交換できるのは、典型的なホットスワップ。

AN/SPY-6（V）1 AMDRを搭載する駆逐艦の一番手「ジャック・H・ルーカス」。艦橋構造物に取り付けられたアンテナ・アレイの形状が、これまでのAN/SPY-1とは異なり、正八角形に近いのがおわかりいただけるだろうか

※10：TRIMM
RTX社レイセオン部門が手掛けるAN/SPY-6（V）レーダーにおいて、最小の構成単位となる部品。この中に電波の送受信を行う機能とアンテナが組み込まれており、TRIMM単位で脱着を行える。

Radar)という。その名の通り、防空とミサイル防衛の両方に対応できますよ、という製品である。

　実は、AMDRには対空用多機能型のSバンド版（AMDR-S）と、対水上・低高度対空用のXバンド版（AMDR-X）を開発する計画があったが、現時点でモノになっているのは前者のみ。そこで、AMDRといえばSバンド版を指すことになっているのが現状。

　AMDRはもちろんアクティブ・フェーズド・アレイ・レーダーで、スケーラビリティを持たせた設計になっている。そこで中核となるのが、RMA（Radar Modular Assembly）と呼ばれるモジュール。RMAを組み合わせる数の違いにより、大型で高性能のレーダーも、コンパクトなレーダーもできる。

　送受信モジュールは窒化ガリウム(GaN)半導体を使用しており、使用する電波の周波数帯はSバンド（8~12.5GHz）となっている。

　RMAのサイズは、縦・横・高さがそれぞれ2フィート(約61cm)。ひとつのRMAに、24個のTRIMM[10]（Transmit/Receive Integrated Multichannel Module）と呼ばれるパーツが組み込まれている。そして、個々のTRIMMに6個の送受信モジュールが組み込まれている。つまり、ひとつのRMAは24×6=144個の送受信モジュー

ルを持つ計算になる。このRMAは単体でひとつのレーダーとして機能できるが、実際には複数を組み合わせて使う。

こうしてみると、ロッキード・マーティンのSバンド・レーダー製品よりも、RTXのAMDRファミリーの方が、ひとつの「単位」が物理的に大きいことがわかる。

もしもRMAに組み込まれているTRIMMが故障して交換することになったら、レンチとネジ回しがひとつずつあれば作業できる。いわゆる二段階整備方式で、外したTRIMMは運用現場ではいじらずにメーカーに送り返して修理する。

TRIMMを交換する際には電源を切らなければならないが、陸上設置の弾道弾早期警戒レーダー[※11]と違い、艦上レーダーは24時間フルタイム稼動するとは限らない。それに、4面のうち1面を止めても、残り3面で動作を継続すれば全面的な機能喪失は避けられる。

試験用として、ハワイの太平洋ミサイル試験場に1面だけ設置したAMDR

同じRMAを活用するファミリー化

アーレイ・バーク級フライトIII[※12]が使用するAMDRはAN/SPY-6（V）1と呼ばれるモデルで、37個のRMAでアンテナ・アレイを構成する。縦横それぞれ7列ずつRMAを並べているが、角のところは斜めに落としてあるので、四隅でそれぞれ3個ずつ減る。だから（7×7）－（3×4）＝37となる。送受信モジュールの総数は、37×144＝5,328個、消費電力は1,500kW（!）。

この、AMDR用のRMAをそのまま利用する形で生み出された派生製品が、EASR（Enterprise Air Surveillance Radar）。この名称からすると、多機能レーダーというよりは対空捜索に特化したレーダー

※11：弾道弾早期警戒レーダー
自国に向けて飛来する弾道ミサイルを早期に探知して、飛翔経路を割り出すためのレーダー。用途の関係から長い探知距離が求められるのは当然で、結果として、ばかでかいレーダーを地上に据え付けることになる。同時に、高い分解能も求められる。

※12：アーレイ・バーク級フライトIII
アーレイ・バーク級は、米海軍がイージス戦闘システムを載せるために新規設計した駆逐艦。ただし防空専任ではなく、さまざまな任務に対応できる汎用性がある。「フライト」は増備の途上で加わった仕様の違いを意味する。当初のフライトIとフライトIIはヘリコプター格納庫を持たず、フライトIIAで初めて装備した。そこからレーダー新型化などの大改良を施したのがフライトIII。

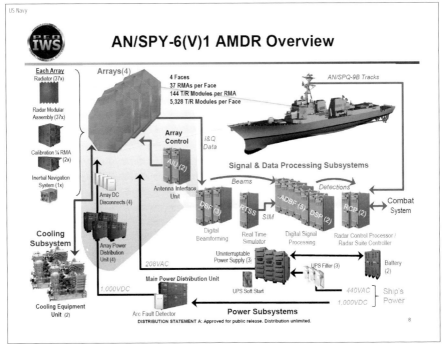

US Navy

AN/SPY-6(V)1 AMDR Overview

AN/SPY-6（V）1 AMDRのシステム構成。左列の上から2番めにRMAが描かれている。RMAを並べたアンテナ・アレイ本体に加えて、制御、シグナル処理、電源、冷却などのサブシステムがある

※13：ジェラルド・R・フォード級空母
米海軍が、ほぼ50年ぶりに送り出した新型の原子力空母。電磁カタパルトを初めとするさまざまな新機軸を取り入れて、能力向上と省人化を図っているが、それが開発難航の原因にもなった。新規要素のひとつにレーダーがあり、回転式アンテナをやめてフェーズド・アレイ・レーダー化している。

※14：新型揚陸艦LX（R）
米海軍が、ウィッドビー・アイランド級ドック型揚陸艦の後継として建造計画を進めている新型揚陸艦サンアントニオ級フライト2。サンアントニオ級ドック型揚陸輸送艦をベースに、コスト低減のための設計変更を取り入れている。揚陸艦では珍しく、ステルス設計がなされている。

と思いそうになるが、実際にはそんなことはない。制御するソフトウェア次第である。

　EASRはAMDRほど大がかりではなく、9個のRMAを組み合わせて構成する。縦横それぞれ3列ずつだ。実際に現物を目の当たりにしてみたら、「意外と小さいなあ」という印象があった。

　その9個アレイでも、RTXでは「現行のAN/SPY-1レーダー並みの性能が出る」といっている。もっとも、原設計が1970年代のAN/SPY-1レーダーからすれば「そこで最新型と比較されても…」というところかもしれない。

　EASRには、この9個RMAのアレイを1面だけ用意して機械的に回転させるAN/SPY-6（V）2と、3面を用意して固定設置とするAN/SPY-6（V）3の2モデルがある。すでに、ジェラルド・R・フォード級空母[13]の2番艦「ジョン・F・ケネディ」以降と、新型揚陸艦LX（R）[14]ことサンアントニオ級フライト2、新型フリゲートFFG（X）[15]ことコ

ンステレーション級で、EASRの導入が決まっている。LX(R)は回転式アンテナのAN/SPY-6(V)2を、他は固定式3面アレイのAN/SPY-6(V)3を使う。

つまり、高い対空捜索能力が必要な艦は「固定式アンテナで、一度に全周をカバーできるタイプ」、そこまでの能力を要求しない艦は「回転式アンテナを使用するタイプ」という使い分け。もちろん、アレイを3面使用するよりも1面で済ませる方が安いに決まっているし、消費電力も少ない。

さらに、AMDRの縮小版というべき、AN/SPY-6(V)4というモデルがある。これは、すでに稼働しているアーレイ・バーク級駆逐艦フライトIIAのAN/SPY-1D(V)レーダーを換装するための製品。すでにあるAN/SPY-1D(V)を置き換えるため、設置するスペースや艦側の電力供給能力は先に決まっている。つまりサイズや重量を同等にするだけでなく、消費電力も同等にしなければ実現は難しい。

そこでAN/SPY-6(V)4では、使用するRMAの数をAN/SPY-6(V)1よりも少ない、24個とした。縦横それぞれ6列ずつで四隅を落とし、6×6−3×4=24という計算になる。

● AN/SPY-6(V)4と(V)1のRMA配列

合計24　　合計37

結果としてAMDRと比べると性能がいくらか落ちるが、それでもAN/SPY-1D(V)よりは高性能。しかも、導波管や移相器を使うパッシブ・フェーズド・アレイ・レーダーからアクティブ・フェーズド・アレイ・レーダーに代わるから、メンテナンスが楽になると期待できる。

全体最適化を重視する思想

中核となるRMAが共通だから、名称が違っていても同じAN/

※15：新型フリゲートFFG(X)
沿海域戦闘艦（LCS）構想が、近年の安全保障環境に合わなくなってきたのを受けて、より普通の水上戦闘艦として構想された艦。コンステレーション級。イタリア海軍のカルロ・ベルガミーニ級をベースに、イージス戦闘システムとAN/SPY-6(V)3レーダーを載せるが、防空艦には分類されない。対艦ミサイルを16発も載せる対艦番長である。

※16：パワー半導体
各種半導体製品のうち、電力制御に用いられるもの。整流ダイオード、絶縁ゲートバイポーラトランジスタ（IGBT）を初めとする各種パワートランジスタ、サイリスタなどがある。レーダーだけでなく、身近なところでは電車や電気自動車の出力制御に用いられている。

※17：ウェハ
半導体素子を製造する際のベースとなる、薄い円盤型の素材。そこに回路を構築する加工を行い、プロセッサなどの半導体製品に仕上げる。1枚のウェハに同じ内容の加工をたくさん行い、切り分けて個別にパッケージ化すると素子のできあがりとなる。

SPY-6シリーズということになる。しかも、4モデルあるAN/SPY-6(V)シリーズはすべて同じRMAを使用するから、予備品の共通化というメリットは大きい。当然、RMAの調達数は増えてコストは下がる。そして在庫管理や融通は容易になるので、兵站支援の観点からみても合理的だ。

また、レーダーを制御するソフトウェアも、AMDRとEASRの間で高い共通性を持たせることができる。すると、開発・試験の面でもメリットがある。

こうした、全体最適を重視した製品作りは、アメリカの軍とメーカーが得意とするところだ。もちろんRTXの艦載レーダーに限った話ではなく、先に取り上げたロッキード・マーティンの製品も含めて、他の分野にも見られる傾向である。

SPY-6レーダーの製造における垂直統合

さて、そのAN/SPY-6(V)を製造している工場は、アメリカ、マサチューセッツ州アンドーバーにある。

Koji Inoue

アンドーバーにある、RTX社レイセオン部門の社屋。隣接して工場棟がある

｜半導体からレーダー本体まで一貫生産

AN/SPY-6(V)ファミリーの核となるのが、送受信モジュールで使用するGaN製のパワー半導体※16。これは出来合いの品物を買ってくるわけではなくて、アンドーバーの事業所でウェハ※17から製造している。驚くべきことに、そのウェハを製造・加工する現場まで（通路と窓越しに、だが）見せていただくことができた。

この事業所ではAN/SPY-6（V）以外に、弾道ミサイル追跡用のXバンド・レーダーAN/TPY-2（日本でも、青森県の車力と京都府の経ヶ岬に配備されている）や、パトリオット地対空ミサイル用の新型Cバンド・レーダーLTAMDSを手掛けている。

この3種のレーダーは、それぞれ周波数帯が異なるから、パワー半導体は周波数帯の違いに合わせた最適設計が必要になる。自前で設計・製造していれば、最適設計も実現しやすい。それだけでなく、供給の安定化につながる。

もうひとつのキモは、そのGaNパワー半導体モジュールだけでなく、各種の回路基板、レーダー自体の組み立てで必要となるフレームなどの各種金属加工部品など、必要とされるものを同じ工場で一貫生産していること。ひとつのレーダーは多数の回路基板で構成するから、製造中の回路基板アセンブリ[※18]は約2,000種類ぐらいあるという。

具体的な施設配置についての言及は差し控えるが、小さなパーツが順次集まり、最終的に完成品のレーダーになる工程が、ひとつところに整然と並んでいる、とだけ書いておこう。

完成品のレーダーを組み立ててテストする現場には、まだTRIMMを組み込んでいない状態のRMAがあり、冷却のための配管が設けられている様子も見て取れた。また、完成したレーダーの表面を見ると、個々の送受信モジュールの存在がわかるのは意外な発見だった。

ムーアズタウンにあるアメリカ海軍の試験施設CSEDSで、AMDRを設置している模様

※18：回路基板アセンブリ
半導体素子を初めとする各種の電子部品を基盤に取り付けて電子回路を構築した、ひとまとまりの単位となる部品のこと。防衛電子機器の場合、別項にあるLRUよりひとつ下の単位となり、SRU（ショップ・リプレーサブル・ユニット）と呼ばれることもある。電子機器整備ショップ（店舗ではなく作業場という意味）で整備するため、この名称がある。

現場で初めてわかったこと

アンドーバーの事業所を訪れた際には、先に挙げた4バージョンのうち、AN/SPY-6（V）4以外の3種類があった。

そこで初めて知ったのは、回転式のAN/SPY-6（V）2を取り付け

て回転させる箱の中身。てっきり、冷却用の機器類を同じ箱の中にまとめているのかと思って訊いてみたら違った。点検・部品交換のためにアレイの背面に人が入る必要があり、そのためのスペースを確保するため空っぽであった。もちろん回転していたら出入りができないから、まず回転を止めてから、ハッチを開けて潜り込む。

そこで下からのぞかせてもらったら、確かに四角いハッチがあった。ちなみに固定設置型のモデルでは、艦を設計する段階で、背面に人が入るスペースを確保するようにしている。これはAN/SPY-6（V）ファミリーに限らず、他社の製品でも同様のはずだ。

いつもいっていることだが、何事でも、現場現物を見て初めてわかることはあるものだ。それを再確認したアンドーバー訪問だった。

艦載フェーズド・アレイ・レーダーにまつわる技術

さて、アメリカで開発・製造されている最新型のフェーズド・アレイ・レーダー2機種について、現物や製造現場を見てきたわけだが、こうした製品を実用化するのは、決して簡単な仕事ではない。

スケーラビリティとソフトウェア

スケーラビリティを考慮に入れると、使用する送受信モジュールの数が変わる度に、制御用ソフトウェアのコードを全面的に書き直し、なんてことは許されない。同じソフトウェアのままで、送受信モジュールの増減に対応できるようになっていて欲しいところだし、実際、そうなっている。

アクティブ・フェーズド・アレイ・レーダーの利点として、一部の送受信モジュールが故障したり壊されたりしても、残った送受信モジュールで動作を継続できる点が挙げられる。ということは、レーダー制御用のソフトウェアは、「どの送受信モジュールが機能していて、どの送受信モジュールが機能できないか」を知り、それに合わせる必要もある。

また、前述したようにLRDRやAN/SPY-7（V）シリーズは送受信

モジュールのホットスワップが可能だ。ということは、制御用のソフトウェアには、「送受信モジュールの取り外し」「新しい送受信モジュールの取り付け」を検出するとともに、使えない、あるいは外されている送受信モジュールを除外しながら動作を継続する。そういう仕組みも求められる。故障した送受信モジュールを正常に機能するものと取り替えたら、それを受けて動作を復帰させる機能も、当然ながら求められる。

　ハード的な難しさとして、フェーズド・アレイ・レーダーでは高い平面性が要求される点がある。同一平面上に並んでいるはずの個々のアンテナが、実はずれてました。ということでは探知精度が落ちて仕事にならない。

　LRDRのストラクチャーはいかにも頑丈そうだったが、AN/SPY-1レーダーでも、あるいはAN/SPY-6 (V) シリーズでも、送受信モジュールを取り付けるためのフレームは、強固に作られている。もちろん、完成したレーダーを取り付ける軍艦の上部構造物、あるいは陸上の建屋もまた、高い剛性と平面性を備えていることが求められる。

　また、AN/SPY-6 (V) 1については、平面性に若干のズレがあっても自動的に較正[19]して対処できるとの話を耳にしたことがある。

レーダーと指揮管制は組み合わせ自由に

　いろいろ難しい点がある代わりに、アクティブ・フェーズド・アレイ・レーダーにはメリットもある。送受信モジュール、それを中核とするサブアセンブリ、それらを制御するソフトウェアといった構成要素が完成して熟成できれば、前述したようにさまざまな展開が可能になる。

　そこで重要なのは、オープン・アーキテクチャ。イージス武器システム[20]を構成するレーダーは、いまやAN/SPY-1シリーズだけではなく、AN/SPY-7 (V) シリーズも、AN/SPY-6 (V) シリーズもある。

　そこで、イージス戦闘システムはベースライン10[21]から、戦闘システムの「頭脳」となる指揮管制（C&D：Command and Decision）の機能と、レーダーを制御する機能を完全に分離した。従来はAN/SPY-1レーダーがワンセットになる前提だったから、AN/SPY-1レーダーを制御する機能もイージス戦闘システムの中に一緒くたになって

※19：較正
「こうせい」と読む。測定器において、得られた出力と実際の値の違いを調べた上で、調整して両者のズレをなくす作業のこと。そこから転じて、「指示した値」と「実際に出力した値」のズレをなくす作業を指すこともある。たとえばレーダーでは、電波の送信方向が指示した通りかどうかを確認・調整する場面が考えられる。

※20：イージス武器システム
イージス戦闘システムのうち、対空戦闘を行う中核部分のこと。高性能レーダーによって多数の空中目標を同時に探知・捕捉・追尾するとともに、その中から脅威度が高い目標を選び出して優先順位をつけた上で、艦対空ミサイルを用いて交戦する。完全自動交戦も可能。

※21：ベースライン10
イージス戦闘システムにおけるベースラインとは、個々の開発段階・システム構成・機能を示す区分のこと。そのうち最新のベースライン10は、ひとつ前のベースライン9を基にして、組み合わせるレーダーをAN/SPY-6 (V) 1に変更したもの。

※22：コンステレーション級
➡97ページ「新型フリゲート
FFG（X）」

いた。それを外部に出したわけだ。

　すると、レーダーは自らビームを出して捜索・捕捉・追尾を行い、探知目標に関するデータをイージス戦闘システムのC&Dに送る形になる。C&Dは、それを受けて脅威評価・意思決定に専念する。そして、インターフェイスの部分が同一仕様なら、イージス以外のシステムに対しても同じことができる。

　実際、AN/SPY-6（V）3を載せるフォード級空母も、AN/SPY-6（V）2を載せるLX（R）も、イージスは使っていない。ところが、コンステレーション級※22ではイージスとAN/SPY-6（V）3の組み合わせ。つまり、機能の切り分けができたことで、レーダーと指揮管制システムの組み合わせが自由になった。

　その辺の事情は、AN/SPY-7（V）シリーズでも変わらない。イージス戦闘システムと組み合わせることもできるし、その他の戦闘システムと組み合わせることもできる。実際、スペインのF-110型は独自の戦闘システムを用意することになっている。

　こうした仕組みを実現するには、さまざまなレーダーと戦闘システムを組み合わせることを前提としたアーキテクチャ設計が必要になる。それに基づいて、ハードもソフトも設計しなければならない。ただ、オープン・アーキテクチャ化によってインテグレーションの作業が容易になったとしても、それが正常に、意図した通りに機能するかどうかを確認する試験は不可避だ。

フェーズド・アレイ・レーダーの載せ方

　「YOKOSUKA軍港めぐり」のフネに乗ると必ず出てくる話だが、イージス艦のシンボルといえば、イージスの眼となる多機能フェーズド・アレイ・レーダーである。では、それを実際に艦に載せる際には、どういう工夫や制約要因があるのだろうか。

2種類の米イージス艦

　米海軍のイージス艦には、艦隊の防空中枢艦と位置付けられるタ

イコンデロガ級巡洋艦と、艦隊のワークホースとして数を揃えることも重視したアーレイ・バーク級駆逐艦がある。さらに、この2クラスの後継となるであろう新型艦、DDG（X）の計画が動き出している。

まず、タイコンデロガ級。このクラスはスプルーアンス級駆逐艦[※23]の船体・機関を活用して、イージス戦闘システムを載せる形で作られた。レーダーは、初期建造艦がAN/SPY-1A、その後、AN/SPY-1B、AN/SPY-1B（V）と変化しているが、艦の基本的な外見はそれほど変わっていない。

このクラスで面白いのは、上から見たときにアンテナ・アレイが点対称配置になっているところ。艦橋構造物の艦首側と右舷側、後方・ヘリ格納庫の上に設けられた構造物の左舷側と艦尾側に、それぞれ1面ずつのアレイを取り付けて全周をカバーしている。

スプルーアンス級の、サンマのようにスマートな船体の上に「四角い大箱」を載せてアンテナ・アレイを取り付けたので、登場したときには「なんて不細工なフネを造ったんだ」といって、文句をいう人がけっこういた。今ではすっかり馴染みの形になってしまったが。

それに対してアーレイ・バーク級の方は、船体から新規設計した。

※23：スプルーアンス級駆逐艦
米海軍が1970年代に、老朽化した第二次世界大戦世代の駆逐艦を代替する目的で建造した、対潜主体の駆逐艦。大型の割に軽武装と批判されたが、これは大きな将来余裕を持たせたためで、後にイージス戦闘システムを載せてタイコンデロガ級巡洋艦を生み出すベースにもなっている。

Koji INOUE

●アンテナ・アレイの配置

タイコンデロガ級の「アンティータム」（CG-54）。右上のイラストは上から見たタイコンデロガ級のシルエットとアンテナ・アレイの位置

●アンテナ・アレイの配置

アーレイ・バーク級の「ベンフォールド」（DDG-65）。右上のイラストは上から見たアーレイバーク級のシルエットと4面のアンテナ・アレイの位置

艦橋構造物の四隅を斜めに落として、そこにアンテナ・アレイを取り付けている。前後左右ではなく、それぞれ斜め方向を向いているが、4面で全周をカバーしているところは変わらない。そして後方のレーダー視界を妨げないように、煙突は中心線上にまとめて、かつ側面を傾斜させている。

　この両クラスを指して「ゼロからイージス艦として新規設計されたアーレイ・バーク級は、アンテナ・アレイを合理的に配置した」と評されることがある。それは確かにそうだが、それだけの理由ともいいきれない。

パッシブ・フェーズド・アレイの制約

　まだエレクトロニクス生産の進化が進んでいない1970年代に開発したシステムだから仕方ないが、AN/SPY-1シリーズはパッシブ・フェーズド・アレイ型である。

　使用している送信管は、交差電力増幅管[24]（CFA：Crossed-Field Amplifier）。タイコンデロガ級のAN/SPY-1AとAN/SPY-1B

は、ワンセットのCFA群を2面で共用している。だから、艦首側の2面と艦尾側の2面はそれぞれ近接しており、艦首向きのアンテナ・アレイは中心線よりも右舷側に、艦尾向きのアレイは中心線よりも左舷側に寄っている。

　ところが、アーレイ・バーク級のAN/SPY-1Dは、ワンセットのCFA群を4面で共用している。ということは、必然的に4面のアンテナ・アレイを集約しなければならない。タイコンデロガ級のようにアンテナ・アレイを前後に振り分けたら、どちらか2面はCFAからのリーチが成立しない。

　その後、海上自衛隊のこんごう級、あたご級、まや級、韓国海軍の世宗大王級（セジョンデワン）と、アーレイ・バーク級と似た配置をとるイージス艦が出現した。もちろん、アーレイ・バーク級をタイプシップにしたからという事情もあろう。しかしそもそも、AN/SPY-1Dレーダーを機能させるためにはアンテナ・アレイ4面を集中配置しなければならない事情があるから、アンテナ配置をガラリと変えるのは難しいし、開発リスクも増える。

　アーレイ・バーク級と異なる外見を持つイージス艦として、スペイン海軍のアルバロ・デ・バザン級と、同級をタイプシップとするオーストラリア海軍のホバート級がある。とはいえこちらも、レーダーは同じAN/SPY-1D系列であり、4面のアンテナ・アレイをひとつの構造物の周囲にまとめているところは変わらない。

豪海軍の「ホバート」。艦橋上部の塔型構造物にアンテナ・アレイを集約している

　その他のイージス艦として、ノルウェー海軍のフリチョフ・ナンセン級がある。同級は小型軽量廉価版のAN/SPY-1Fレーダーを使用しているが、ワンセットのCFAを4面で共用するのは同じだから、ひとつの構造物の周囲に4面をまとめている。

※24：交差電力増幅管
真空管の一種で、1950年代に出現した。レーダーを作動させるために必要となる、マイクロ波の発生に特化している点が特徴。レイセオン（当時）で初めて開発された。電場と磁場が直交する構造になっていることが名称の由来。

アクティブ・フェーズド・アレイは自由度が増す

アクティブ・フェーズド・アレイならアンテナ・アレイに送受信モジュールが組み込まれているので、配置の自由度が増す。実際、AN/SPY-6 (V) シリーズでもAN/SPY-7 (V) シリーズでも、配置形態はさまざまだ。

アーレイ・バーク級フライトIIIのAN/SPY-6 (V) 1 AMDRは、従前の同級と同様に、艦橋構造物の周囲にアンテナ・アレイを取り付けている。しかし、フォード級空母の2番艦以降が搭載するAN/SPY-6 (V) 3は、艦橋構造物の前面に1面、左右の斜め後方にそれぞれ1面ずつという配置になる。

もちろん、電源やレーダー制御用のプロセッサなどは艦内に別途、設置しなければならないが、裏側に送信管を持つ必要がなくなった分だけ配置の自由度は増した。

その辺の事情は、ロッキード・マーティン製のAN/SPY-7 (V) シリーズも同様。たまたま、スペインのF-110型もカナダのCSC(Canadian Surface Combatant)も、艦橋上部の塔型構造物にアンテナ・

組み立て中のAMDR。37個のRMAを組み合わせて構成するが、RMAの境界線がわかるだろうか?

アレイを配する形になっているが、これだけが唯一の解というわけでもあるまい。

F-110型の模型。大小さまざまな平面アンテナ・アレイが付いているが、左右斜め前方を向いた大きな四角がAN/SPY-7（V）と思われる

　我が国でも、同系列の艦載アクティブ・フェーズド・アレイ・レーダーを載せていながら、配置が大きく異なる艦が2クラスある。

　ひとつはFCS-3Aを載せた「あきづき」型で、前方斜め左右向きは艦橋の上、後方斜め左右向きは大きく離れたヘリ格納庫の上、と振り分けた。もうひとつはOPY-1を載せた「あさひ」型で、こちらは艦橋構造物の上に前方斜め左右向きと後方斜め左右向きを集約している。

汎用護衛艦「あきづき」型の「てるづき」。ヘリ格納庫の上に、後方向きのアンテナ・アレイを載せた様子がわかる

こちらは汎用護衛艦「あさひ」型の「しらぬい」。4組のアンテナ・アレイを艦橋上部に集約している（右が艦首側）

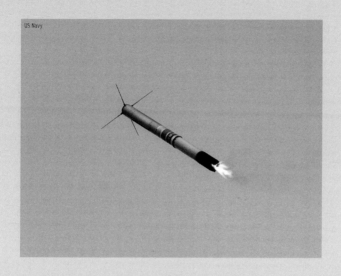
US Navy

第4部
レーダー vs 電子戦

レーダーは昼夜・全天候を問わずに使える有用な探知手段だが、
「敵がそんな有用な探知手段を持っていると迷惑だから、邪魔して使えないようにしたい」
と考えるのは自然な成り行き。
そこで、レーダーの利用が広まるとともに、そのレーダーの機能を妨げる話も出てきた。
電子戦のひとつである。

※1：GPS
「全球測位システム」と訳される。人工衛星が地表に向けて送信する電波の到達タイミングを基にして、緯度・経度・高度・時刻を高い精度で得られるシステム。衛星は、地球の周囲に6種類ある周回軌道にそれぞれ最低4基を必要とするが、実際にはもっと多くが配備されている。

※2：GNSS
GPSをはじめとする、各種の衛星測位・測時システムの総称。

なぜ電子戦が必要になるか

　一般にはあまり馴染みのない言葉だから、まずは「電子戦（EW：Electronic Warfare）とはなんぞや」という話から始めてみようと思う。「電子を用いる戦いである」と書くだけでは不親切きわまりない。

▌敵にとって有用なものは妨害する

　電子戦という新ジャンルが登場した背景には、エレクトロニクスが関わる軍用装備品が登場したことがある。具体的にいうと、通信機器とレーダーが双璧である。通信機器は情報や指令をやりとりするために不可欠の要素であり、レーダーは主として航空機や艦艇を探知するために不可欠の要素である。

　通信やレーダーといった電波兵器を活用することで、戦闘任務を有利に遂行できるようになる。ということは、それを敵対勢力の側から見ると、相手の通信機器やレーダーを無力化することでこちらの作戦行動を有利に進められる可能性につながる。だから、敵対勢力の通信機器やレーダーを無力化する手段として電子戦が登場した。

　その他の分野でも、電子戦はある。たとえば、GPS※1（Global Positioning System）に代表される各種のGNSS※2（Global Navigation Satellite System）が広く使われている。これも電波を使用する装備の一例であり、近年、妨害や欺瞞の話がいろいろ取り沙汰されている。また、無線で起爆指令を飛ばす爆発物があれば、その無線を妨害することで起爆不可能にしてしまおうという話も出てくる。これもまた、電子戦の一種といえる。

　なお、通信の妨害は電子戦の一分野だが、通信の傍受は電子戦には含まれない。対象が電波そのものではなく、電波に載って行き来している情報の方だから、という理由だろう。

▌電子戦の歴史は案外と長い

　第二次世界大戦のときにはすでに、特にヨーロッパにおいて、互

いに敵のレーダーを妨害し合う熾烈な電子戦が展開されていた。イギリスとドイツの空軍が互いに、相手国の都市に対して夜間爆撃を仕掛けるようになった事情が大きい。

大柄で機動性に劣る爆撃機は、戦闘機に襲われると脆弱な存在だ。だから、目視による捕捉が困難、かつ戦闘機の活動が低調になると考えられた夜間に侵入することが多くなった。

そうなると、闇夜の中を飛来する敵爆撃機を阻止する側としては、爆撃機の飛来を探知したり、迎撃を担当する戦闘機を接敵させたりする手段が必要になる。なにしろ目視での捕捉は困難だから、使える手段はレーダーしかない。地上のレーダー施設から夜間戦闘機を管制して接敵のための指令を飛ばそうとすると、無線機も必要である。防衛側がそういう措置を講じてくると、爆撃機を飛ばす側は自軍の被害を減らそうとして、敵のレーダーや通信を妨害するという図式になる。

かくして、ヨーロッパの夜空は電子戦の舞台となった。現代の電子戦でも用いられている手法の多くは、すでにこの時代に萌芽があった。具体的にいうと、こんな内容である。

- 敵のレーダーが出している電波に関する情報を収集する
- レーダー探知を妨げるために妨害電波を出す
- アルミ箔をばらまいて贋目標をこしらえる（現代ではアルミをコーティングした樹脂膜を使うが、考え方は同じ）
- 敵が使用している無線と同じ周波数で偽交信を割り込ませたり、妨害したりする
- 敵のレーダー電波を逆探知して、探知されたことを察知する

Koji Inoue

西側諸国の海軍ではおなじみの、Mk.137デコイ発射機。6連装で、チャフ（アルミを蒸着させたグラスファイバー）カートリッジを撃ち出す

※3：航行の自由
ある国が、どこかの公海を「こ
こは我が国のものである」と
勝手に領有宣言して、他国
の艦船を追い出そうとしたとき
に用いられる対抗手段。当
該海域に艦艇を送り込んで
航行させて見せることで、「こ
こは誰でも自由に利用できる
公海である」ことを示す狙い
がある。

つまり、物理的な弾が飛び交う交戦だけでなく、電波を用いる兵器を活用したり、それを阻止したりする交戦も存在する。それがすなわち電子戦である。

米海軍などで導入が進んでいる、Mk.53ヌルカの発射機。第4部とびらの写真が、射出されたヌルカの本体。対艦ミサイルをおびき寄せる巨大なデコイを海上に投射するシステムで、デコイ投射中は空中浮遊して母艦から離れていく。もともとオーストラリアで開発された製品

電磁波を使う兵器が多様化した現在

第二次世界大戦の頃には、電子戦の対象は電波に限られていた。まだこの頃には、赤外線や紫外線を使う武器やセンサーは皆無に近かったからだ。

しかし現在では話が違う。武器やセンサーで用いる電磁波は、電波だけではなく、紫外線も赤外線もある。電子光学センサーなら可視光線を使う。レーザーは、誘導武器だけでなく、センシングや通信でも使うし、破壊の道具としてもモノになりつつある。これらはいずれも「広義の電磁波」に属する領域の話となる。つまり、「電磁波を扱う兵器」の幅が、昔ながらの電子戦以外の領域にも広がってきている。

だから、電波だけでなく、紫外線も赤外線も可視光線も「電子戦」が扱う対象に含まれる。その「広義の電磁波」を自由に利用できるようにすることは、軍事作戦を有利に運ぼうとしたときに欠かせない要素となる。

そうなってくると、洋上における「航行の自由[3]」（FON：Freedom of Navigation）ならぬ、「電磁波利用の自由」という話が出てくる。なにやら、昔の就職情報誌のCMみたいなフレーズだが。

そこで出てくるキーワードが、「電磁スペクトラム」だ。スペクトラム

spectrumとは「連続体、範囲」という意味があるが、電子戦の分野では「電磁波の範囲」と解される。

　先に挙げたように多種多様な電磁波があり、その中から必要に応じて自由に利用できる範囲を確保したり、敵による妨害・干渉・傍受を排除したりすることが、「電磁波利用の自由」を実現する手段となる。

　また、敵軍が「電波兵器や通信機を使用すると、傍受されたり妨害されたりする可能性がある」と判断する場面も出てくる。その結果として電波兵器や通信機の使用を差し控えることになれば、敵軍の探知能力や通信能力を損ねる方向に働く（と期待できる）。

1米空軍のCV-22オスプレイは敵地に隠密潜入するのが任務だから、自衛装備が充実している。**2**写真の左端付近にあるのがミサイル接近警報装置のセンサー、下方にある丸い物体がミサイルのシーカーを妨害する装置。いずれも自衛用電子戦装置のカテゴリーに属する

民生用周波数割り当てとの兼ね合い

　その電磁スペクトラムにつきものなのが、「電波は限りある資源である」という話。周波数帯ごとに細かく用途の割り当てがなされており、しかもその内容が国によって異なることもある。電波は好き勝手に使えるものではないし、「こちらの周波数で妨害されたので、それならあちらの周波数」とホイホイ切り替えられるとは限らない。

　また、国によって周波数帯の割り当てが異なったり、状況の変化を受けて周波数帯の割り当てが変化したりすることがある。するとこれが、レーダーの業界にも影響を及ぼす。

　その一例が、DRS RADAテクノロジーズ[4]という会社が米陸軍向けに開発している、nMHR[5]（Next-generation Multi-Mission Hemispheric Radar）という可搬式の対空用Xバンド・レーダー。もともと同社は、探知距離と精度のバランスを考慮して、もっと周波数

※4：DRS RADAテクノロジーズ
イスラエルのRADAシステムズと、イタリアのレオナルド傘下のアメリカ企業DRSテクノロジーズとで設立した合弁会社。

※5：nMHR
DRS RADAテクノロジーズが米陸軍向けに提案している対空用レーダーの名称。直訳すると「次世代多任務対応型半球レーダー」となるが、この場合の半球とはレーダーを中心とするカバー範囲のこと。

帯が低いSバンドの電波を使用する製品を手掛けていた。ところが、民間向けの周波数割り当て見直しに伴って周波数の変更を余儀なくされて、Xバンドに変更したのだそうだ。

目に見えず、アピールが難しいのが泣き所

　広義の電磁波は、C4ISR (Command, Control, Communications, Computers, Intelligence, Surveillance and Reconnaissance。指揮・統制・通信・コンピュータ・情報収集・監視・偵察) の分野で不可欠な道具だが、生憎と可視光線以外は目に見えない。

　だから、現代の戦闘において重要なものではあるが、デモンストレーションしてみせるのは難しい。一般公開イベントで「電磁スペクトラム戦を仕掛けます！」とやっても、目に見えないから、観客は何が起きているかわからない。

　「これから電磁スペクトラム戦の一例として、皆さんの携帯電話を妨害します！」とやれば効果覿面かも知れないが、それは電波法の観点からいって大問題になりそうだから、本当にやるわけにはいかない。それに、電波に戸は立てられないから、妨害電波が余計なところまで飛んで行って付随的被害を引き起こしてしまう。

　つまり、広報しようとしても難しいのが、電磁スペクトラムの分野なのである。

具体的なレーダー妨害の手法

　さて、本書の主題はレーダーなので、レーダーを対象とする電子戦に的を絞り、具体的にどんな方法で妨害するのか、それを実現するためには何が必要か、という話を取り上げていく。

ノイズまみれにする

　レーダーによる探知が成立するためには、送信した電波が何かに当たって反射波を返してきたときに、その反射波を受信できなければ

ならない。かつ、受信した反射波が「自分が送信した電波の反射波である」とわからなければならない。

　ということは、受信を邪魔すればレーダー探知は成立しなくなる。そこで、相手のレーダーが使用しているものと同じ周波数の強力な電波を浴びせて、ノイズ（雑音）まみれにしてしまう妨害手法がある。

　ただしこれを実現するためには、単に敵レーダーと同じ周波数の電波を出すだけでなく、それが本来の反射波をマスクできるぐらいに強力な出力を持っていなければならない。つまり、妨害を仕掛ける側からすればパワーが要る。力任せの妨害手法だから、当然ではあるのだが。

┃贋の反射波を返す

　もうちょっと手の込んだ妨害方法で、贋の反射波を返す手法がある。これもやはり、敵レーダーが送信したのと同じ周波数の電波を使うが、力任せにノイズを浴びせるのではなく、もっともらしい、しかし実際の探知目標とは異なるタイミングで贋の反射波を返す。それを受信した敵レーダーの側から見ると、実際には存在しない探知目標が存在するように見える。

　たとえば、妨害送信機を積んだ航空機が、敵レーダーから200km離れた場所にいるとする。この場合、両者の間を電波が行き来するためにかかる時間は、200km×2÷秒速30万km＝0.00133秒と計算できる。

　そこで、妨害送信機から贋の反射波を、少しズレたタイミングで出す。たとえば、それが敵レーダーのパルス送信から0.001秒後に敵レーダーに到達したとする。その贋の反射波を本物と勘違いすると、敵レーダーは「（300000×0.001÷2＝）150km先に敵機がいる」と判断してしまう。逆に到達のタイミングを遅らせれば、実際よりも遠いところに敵機がいると誤判断する。そういう騙しの効果を期待するわけだ。

　実際には、まず自機が敵レーダーに探知されるだろうから、それを受けて贋電波を出し、かつ、タイミングを少しずつずらしていくことになるだろう。そうすると「贋目標の位置を徐々に引き離す」結果となる。

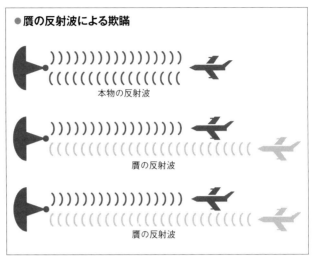

● 贋の反射波による欺瞞

本物の反射波

贋の反射波

贋の反射波

レーダーは、送信した電波が何かに当たって反射して、戻ってくるまでの時間で距離を測る。そこで贋の反射を出して、レーダーに到達するまでのタイミングをずらすことで、距離を欺瞞できる理屈となる。中段〜下段のように、徐々に引き離せば騙されてくれるだろうか？

　ただしこれには、ひとつ問題がある。贋の反射波を送信する場合、相手がそれを本物の反射波だと勘違いしてくれないといけない。たとえばの話、敵レーダーが周波数1GHzの電波を出しているのに、妨害機が周波数2GHzの贋電波を送り出して「これが反射波です」といっても相手にしてもらえない。

　だから、敵レーダーが出している電波の周波数などを調べて、それと同じものをでっち上げて、かつ、本物の反射波とは異なるタイミングで届くように送信しなければならない。しかも、コンマゼロゼロ何秒のオーダーでタイミングを合わせて、だ。

周波数を変える

　第1章で解説したドップラー・レーダーの話を思い出して欲しい。移動する目標をレーダーで捕捉すると、反射波にはドップラー・シフトが生じて、送信した電波とは異なる周波数の反射波が戻ってくる。

　それなら、送信する贋の反射波について、敵レーダーが送信した電波に対していくらか周波数を増減させることで、ドップラー・シフトが生じていると誤認させることができる理屈になる。

　するとどんな意味があるか。贋のドップラー・シフトを加えることで、

敵レーダーに対して速度を欺瞞する効果を期待できそうではある。

贋の反射源を作る

ここまでは電波を用いた細工だが、それとは別に、贋のレーダー電波反射源を作る方法もある。これは、よく知られているチャフのことである。第二次世界大戦中のイギリスでは隠語で「window」、日本では「電探欺瞞紙」と呼んでいた。

現代のチャフは、表面にアルミをコーティングした細い樹脂薄膜を用いるのが一般的。これを空中に大量に散布して、レーダー電波の反射源を作り出す。本物の航空機や艦船よりも大きな"チャフの雲"を作り出せば、敵レーダーはそちらを捉えてしまうし、本物の航空機や艦船は"チャフの雲"の中に紛れ込むことができる。

ただしチャフにはひとつ難点がある。それは「動かない」こと。どんなに大きなレーダー電波反射源でも、動かなければ「こいつはチャフではないか」と疑われる原因になる。また、重力があるからチャフはいずれ落下してしまい、姿を消す。つまり長く効力を発揮しづらい。

だから、チャフはどこでどう使うかが問題になる。また、チャフの長さは敵レーダーが使用する電波の波長に合わせるのが望ましいが、だからといって周波数帯ごとに別々のチャフを用意するわけにもいかない。結局、ひとつのカートリッジにさまざまな長さのチャフを入れておいて一斉に撒き散らすのが現実的となる。

なお、レーダーに対するチャフだけでなく、赤外線誘導ミサイルに対するフレア（火炎弾）も同じ傾向がある。本物よりも目立つ赤外線発生源を作り出すのがフレアの仕事だが、自力で動くわけではなく、ゆっくり落下するだけである。

C-17輸送機のチャフ/フレア散布。煙のように漂っているのがチャフで、輝いているのがフレア。レーダー反射源と熱源を一気にばらまき、飛来するミサイルに対して「おいでおいで」をする

戦闘機の自衛と電子戦装備

戦闘機や爆撃機が搭載する電子戦用の機材を、自衛用電子戦装備と呼ぶ。その名の通り、あくまで自分の身を護るためのものである。では、それは具体的にどんな仕事をするものなのか。

自衛用電子戦装備が登場した背景

敵地に侵入して爆撃するのが任務の爆撃機は、当然ながら敵防空システムの脅威に直面するため、早い時期から自衛用電子戦装置を備えるようになっていた。

さらに、戦闘機が自衛用電子戦装備を搭載するのが一般的になったのは、ベトナム戦争の頃からだ。なぜかというと、ソ連軍を師範とした北ベトナム軍は、レーダー・対空砲・各種の地対空ミサイルを組み合わせた濃密なソ連式防空網[※6]を構築していて、そこに突っ込んで行った米軍機が少なからぬ損失を蒙ったからだ。そこで例によって「矛と盾」の法則が発動して、「敵が防空網を充実させるのであれば、こちらはそれを無力化したり突破したりするための策を講じる」という図式になった。

防空網を構成する脅威を大別すると、以下のようになる。

● 対空捜索レーダー（敵地に侵攻したときに見つけられてしまう）

● 対空砲（低空に舞い降りると痛い目に遭わされる）

● 赤外線誘導の地対空ミサイル（主として低空に舞い降りると痛い目に遭わされる）

● レーダー誘導の地対空ミサイル（天候に関係なく痛い目に遭わされる。どちらかというと射程が長く、射高が高い）

ということは、まず対空捜索レーダーや射撃管制レーダー、ミサイル誘導レーダーを妨害によって無力化する必要がある。それを突き詰めた結果がステルス機である。

対空砲の弾は誘導機構を持たないので、目標の捜索や射撃管制に使用するレーダーを妨害すればいい。狙いがいい加減になる効果を期待できるからだ。そこで、対空砲の射撃管制レーダーに照射され

ているかどうかを知り、照射されていたらそれを妨害する。

　赤外線誘導ミサイルは目標を捕捉して発射したら、後はミサイル任せである。そこで、ミサイルを目標に指向するための捜索レーダーを妨害したり、フレアを放って贋目標をでっち上げたりする。

　赤外線誘導ミサイルは自ら何かシグナルを発するわけではないので、電波に聞き耳を立てていても飛来を知ることはできない。そこで、ミサイル接近警報装置（MWR：Missile Warning Receiver）が登場する。これは、飛翔するミサイルが発する排気炎に含まれる、赤外線や紫外線を探知する仕組みだ。

　低空を飛行するヘリコプターのMWRは、地上にも赤外線を発するものがいろいろあって紛らわしいという理由から、紫外線を探知するものが多い。高空を飛行する固定翼機のMWRは、そういう事情がないので赤外線を探知するものが多い。

　その赤外線誘導ミサイルを妨害するには、前述したフレアを撒く方法に加えて、レーザー光線を赤外線シーカーに浴びせる方法もある。たとえば、米軍の輸送機や空中給油機などで広く使われている機材として、LAIRCM（Large Aircraft Infrared Countermeasures）がある。その名の通りに大型機への搭載を企図した製品で、ノースロップ・グラマンなどのメーカーが手掛けている。大型機は戦闘機みたいに機動によってミサイルを回避することはできないから、こうしたわけだ。

※7：レーダー警報受信機
敵のレーダー、中でも射撃の際の照準やミサイル誘導に使われる射撃管制レーダーが出す電波を逆探知して、敵に狙われているぞという警報を発する機器。

Koji Inoue

赤外線誘導ミサイルにレーザー・ビームを浴びせる妨害装置の一例。旋回可能なターレットにレーザー送信機を組み込んで、飛来するミサイルに指向する仕組み

　厄介なのはレーダー誘導の地対空ミサイル。撃った後も射撃管制レーダーを使って追尾してくるから、確実に外れたと判断できるまで、射撃管制レーダーを妨害しなければならない。

　自衛用電子戦装置の立場から見ると、敵のレーダーが発する電波

※8：C++言語
「しーぷらすぷらす」と読む。
軍民を問わずに広く用いられているプログラム言語。F-35のソフトウェアは、この言語で書かれている。

を何も受信していなければ、さしあたり慌てる必要はない。しかし、レーダー警報受信機[7]（RWR：Radar Warning Receiver）が対空捜索レーダーの電波を受信したら「見つかったぞ」となるし、射撃管制レーダーの電波を受信したら「やばい、直ちに妨害しろ」となる。脅威に関する情報が揃っていれば、発信源の種類を知ることもできる。その情報を、コックピットに設けたディスプレイに表示するわけだ。

Koji Inoue

F-15Eストライクイーグル。エンジン排気口の左右・尾端に、AN/ALQ-135電波妨害装置のアンテナ・フェアリングが付いている。RWRの後方向きアンテナは、左右の垂直尾翼の先端部に付いている

F/A-18E/Fにみる、いまどきの自衛用電子戦装備

　F/A-18E/Fスーパーホーネット・ブロックIIは、自衛用電子戦装備としてAN/ALQ-214(V)統合電子戦システムを装備している。何が「統合」なのかというと、脅威の探知や対処に使用する各種の機材をバラバラに装備するのではなく、相互に連接して一体のものとして動作させているところ。

　個々の機材を連接していないと、探知・状況判断・対処という一連の流れを、人間の頭脳と手作業で行わなければならない。その過程で判断ミスや操作ミスがあれば、自分が撃ち落とされてしまう。そこで統合電子戦システムは、探知・識別した脅威に合わせて最適な対抗手段を自動選択して作動させる。こうすることで迅速な対応を図り、生存性を高める効果を狙っているわけだ。

　その統合電子戦システムを構成する機材は、以下の面々である。
●AN/ALQ-214(V)本体：IDECMの中核となる機材で、C++言語[8]で書かれたソフトウェアを使って動作する。
●AN/ALE-55曳航デコイ：光ファイバー・ケーブルを使って囮を曳航する。単にレーダー電波を反射するものではなくて、囮が自ら贋

電波を発して「こちらが本物の飛行機だよ～」と嘘をつき、飛来する
ミサイルに対して「おいでおいで」をする仕組みになっている。

●AN/ALR-67（V）3：米海軍で広く使われているRWR。敵の射撃
管制レーダーなどが発する電波を逆探知して、発信源の種類を識別
するとともに方位を割り出す。

●AN/ALE-47：チャフやフレアを散布するためのディスペンサー。
F/A-18E/Fでは4基・120発分を装備する。

　ちなみにスーパーホーネットの場合、ミサイル接近警報装置はオプ
ション品扱いで、標準装備ではない。ヘリコプター、輸送機、特殊作
戦機は運用高度が低く、赤外線誘導ミサイルが飛来する機会が多い
からか、ミサイル接近警報装置を標準装備するものが多い。

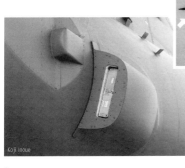

これはB-1B爆撃機（上写真）が装
備する、AN/ALE-50曳航デコイ
（の繰り出し装置）。後付けなので
外部に出っ張っている。四角い開
口がデコイ投射口で、ここから後方
に向けてデコイを繰り出す

Koji inoue

個別システムから統合電子戦システムへ

　当初、戦闘機や爆撃機が自衛のために搭載する電子戦機材は、
「敵レーダーの逆探知」と「妨害」を別個の機材として、別々に搭載し
ていた。

　爆撃機なら電子戦オペレーターを専任で載せることができるので、
その電子戦オペレーターが敵レーダー電波の逆探知情報に基づい
て、「こういうタイプのレーダーが作動しているから、この方法で妨害
してみよう」と判断して、妨害モードを選んで妨害装置を作動させる。
と、そんな話の流れになる。

　戦闘機は1～2名しか乗っていないから、専任の電子戦オペレー
ターというわけにはいかない。もっとも、妨害を必要とする場面も限定
的で、「地対空ミサイルの射撃管制レーダーに照射されていてヤバ

い」といってチャフを撒いたり妨害装置を作動させたり、という程度の話になる。

しかし、人間の判断が入るのでは、判断から妨害の実行までに時間がかかる。それに、敵レーダーが周波数を変えたり、別の敵レーダーが出現したりすれば、仕切り直しである。

そこで、用途ごとに別々のシステムを搭載して人間が操作する代わりに、逆探知から妨害まで、関連する機材をひとつのシステムにまとめて、コンピュータで管制させる製品が増えてきている。その典型例が、F-35が搭載しているAN/ASQ-239統合電子戦システムで、BAEシステムズが手掛けている。これ以外にも、同種のシステムを手掛けているメーカーや製品がいろいろある。

こうしたシステムの利点は、「地対空ミサイルの射撃管制レーダーに照射されていてヤバい」となったときに、自動的に最適（と思われる）対抗手段を実行してくれるところ。ただし、そこで最適な対抗手段を実行するには、「どういう脅威に対して、どう対抗すれば良いか」を知っていなければならない。

だから、こうしたシステムが能書き通りに機能するためには、脅威に関する情報を持っている必要がある。しかもその情報は固定的なものではなく、次々に新手の脅威が登場する。仮想敵国が変われば、相手が持っているレーダーや防空システムの陣容が変わるから、それに合わせて電子戦システムが持つ情報も書き換えたり追加したりする必要がある。

▌MDFという考え方

そこで、F-35ではMDF（Mission Data File）という考え方を持ち込んだ。これは脅威情報データベースのことだ。作戦行動を実施する場所や相手によって脅威の内容は異なるから、それに合わせたMDFを記述・配布するという考え方。

新手の脅威が登場したら、後述するように情報の収集を行い、それを新たなMDFに記述して機上のコンピュータにインストールする。すると、F-35は「新手の脅威に対してどう対処すれば良いか」を知ることになる。そのため、F-35を運用する各国で、MDFの作成を担当

する施設（再プログラム・ラボという）を整備することになっている。

　F-35以外でも、MDFを使用する製品が出てきている。たとえば、F-16搭載用のAN/ALQ-213電子戦システムがそれ。この製品では2021年7月に、MDFのデータを飛行中に衛星通信経由でアップデートする実験が行われている。これが実用的なものになれば、新手の脅威に迅速に対処できると期待できる。

　何も妨害装置に限った話ではなくて、RWRでも事情は同じ。受信した電波を出しているのが何者なのかを知るためには、後述するようにさまざまな情報が必要になる。それをMDFとして記述してインストールするようにしておけば、新たな脅威に遭遇したときでも識別できるようになる。固定的なデータとして書き込んでしまうと、後で更新するのに難儀をする。

※9：ELINT
「エリント」と読む。レーダーや通信機が使用する、電波そのものに関する情報の総称。電波の周波数、電波にデータを載せる手法（変調方式）、レーダーであればパルス繰り返し数やパルス幅といった、電波にまつわる諸々の諸元が対象となる。こうしたデータは、傍受や妨害のために不可欠。

事前のデータ収集と脅威ライブラリ

　さて、妨害手法の基本について解説したが、妨害電波を送信するにせよ贋目標を作り出すにせよ、敵レーダーが使用している電波に関する情報が必要になることはおわかりいただけると思う。つまり、仮想敵国を対象とする電子情報（ELINT[9]：Electronic Intelligence）の収集である。電子戦の業界用語では、ESMあるいはES（Electronic Support）ともいう。

妨害するには情報が要る

　敵レーダーに対して贋目標をでっち上げるには、相手のレーダー受信機が妨害波を「自分が送信した電波の反射波である」と認識する必要がある。通信に割り込みをかけるなら、周波数に加えて変調方式（音声やデータを電波に載せる手法）もわかっていなければ割り込めない。そうした事情があるので、電子戦を仕掛けるには事前の情報収集が重要になる。

　だから現代の軍隊では、電子情報収集の手段は必須である。航空機だったり水上艦だったり潜水艦だったり徴用漁船だったりする

が、とにかく、仮想敵国のレーダーや通信機器が使用している電波に関する情報を集めて解析しておかなければ、妨害は成り立たない。

実際、日本の近所にロシアや中国の電子情報収集機が出没しては、航空自衛隊の戦闘機にスクランブルをかけられている。逆に、日本やアメリカの電子情報収集機だって、ロシアや中国の近所に出張っている。この辺はお互い様である。

だから、その手の情報収集活動に際して偶発的なアクシデントに発展しないようなルール作り（暗黙のものも含む）が必要なのだが、国によっては、どうもそこのところが「わかっていない」のではないかと懸念を抱かざるを得ない話も散見される。

厄介なのは、「電子情報収集機が来た」といってスクランブルをかけると、その過程で仮想敵国に電子情報を与えてしまう一面があることだ。だからといって放置するわけにも行かない、というジレンマがある。

RQ-4グローバルホーク・ブロック30の後部胴体。下面にL字型のアンテナがいくつか並んでいるが、これが電子情報の収集に用いるもの

┃ 何を知る必要があるのか

電子情報といっても具体的に何を調べるのか、というのは当然の疑問であろう。ところが、レーダーと通信の話とその他の電子兵器の話を一緒くたにすると収拾がつかなくなるので、レーダーの話に限定して話を進める。

レーダーがどうやって探知を成立させているかという話は、すでに書いている。一般的にはパルスを間欠的に送信するから、レーダー電波に関わる変数としては、電波そのものの情報としての「周波数」に加えて、「パルス繰り返し数（PRF：Pulse Repetition Frequency)」「パルス幅」が出てくる。

　紛らわしく感じられるかも知れないが、パルス繰り返し数とパルス幅は別の変数である。秒間に何回のパルスを発信するかがパルス繰り返し数、発信する個々のパルスの送信時間がパルス幅である。

　パルスとパルスの間には受信待ちのための空き時間が必要になるから、パルス幅を広げすぎると空き時間が圧迫されて、探知が成り立たなくなる。また、パルス繰り返し数を増やしすぎると、遠方の探知目標から返ってきた電波を受信する前に次のパルスを出すことになってしまう。そういう事情があるので、想定探知距離に見合ったパルス繰り返し数とパルス幅の設定が必要である。

　そうした情報を収集することは、敵レーダーに対する妨害だけでなく、能力を知ることにもつながる。もしかすると、パルス繰り返し数が低い（＝パルスとパルスの間隔が大きい）ということは、それだけ長い探知距離を想定していることを意味するかも知れない。

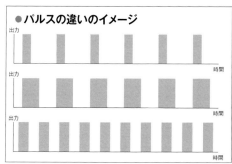

● パルスの違いのイメージ

出力

時間

出力

時間

出力

時間

パルスの違いを示した図。上段と中段は、パルス繰り返し数は同じだがパルス幅が異なる。上段と下段は、パルス幅は同じだがパルス繰り返し数が異なる

用途の違いは電波特性の違いに現れる

　第1部で述べたように、レーダーにはさまざまな用途があり、用途によって周波数帯もパルス繰り返し数もパルス幅も違う。そういった情報を収集・解析して脅威ライブラリ[※10]を構築することが、電子戦を仕掛けるための第一歩となる。妨害する相手のことを知らなければ、識別も妨害もできない。

　脅威ライブラリを構築しておけば、敵地に侵攻した爆撃機が敵のレーダー電波を受信したときに、その電波の各種パラメータを手元の脅威ライブラリと照合することで、相手が何者なのかを把握できる可

※10：脅威ライブラリ
電子戦の分野において、脅威に関する情報をまとめた、一種のデータベースのこと。ELINT収集を土台として、敵軍が使用している電波兵器に関するデータをデータベース化することで、脅威の種類を識別したり、妨害したりといった対処が可能になる。

能性につながる。

　たとえば、捜索レーダーの電波を受信した場合には「敵に見つかったらしい」と判断できるし、射撃管制レーダーの電波を受信したときには「撃たれそうだから対処行動を取らないとヤバイ」という話になる。

　しかるべき脅威ライブラリが揃っていれば、単に射撃管制レーダーかどうかというだけでなく、何の射撃管制レーダーかもわかるようになる。相手が機関砲なのかミサイルなのか、ミサイルなら機種は何か、といったことまでわかるかも知れない。その方がありがたい。

　そうなると当然、脅威ライブラリを構築する際には「どのデータをどういう形式で記述して、どう検索するか」というシステム設計の問題が生じる。この辺が「軍事とIT」らしいところである。

▌2種類の受信用機材：RWRとESM

　敵レーダーの電波を受信するための機器としては、RWRとESMがある。機能的には似たところがあるが、用途が異なる。

　RWRは主として戦闘機が装備するもので、対空ミサイルの誘導用レーダー、あるいは地対空ミサイルや艦対空ミサイルの射撃指揮レーダーといった、「自機に直接脅威を及ぼす相手」を対象としている。コックピットには自機を中心とする円形の表示装置を設けて、どちらの方位にどんな種類の脅威が存在するのかを、受信したレーダー電波の情報に基づいて表示する。脅威の種類を表示するには、まず脅威ライブラリがないと始まらない。

　初期のRWRは、敵のレーダー電波を受信するとビービービーと警

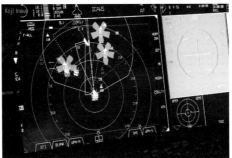

F-35のコックピット・シミュレータの正面ディスプレイ。画面には、敵の防空システムが脅威を及ぼす範囲が現れており、これを避けるように飛行すれば安全性が高まる（はずである）。この情報を表示するためには、相手が何者かを知ることと、その相手の能力に関する情報が必要だ

告音を鳴らす、あるいは警告灯を点灯させるという程度の代物だった。これでは、どちらに向けて回避行動を取ればよいのかがわからず、不親切である。円形表示装置を使って脅威の方位(もしも可能なら距離も)を表示してくれれば、どちらに向けて回避行動を取ればよいかを判断する助けになる。

F-35ぐらい新しい世代の機体になると、コックピットの大画面ディスプレイには、存在を探知した敵レーダーの位置情報や、そのレーダーが探知できる範囲といった情報まで現れる。だから、敵レーダーの探知可能範囲を避けるように飛行する、といったことも可能になる理屈だ。もっとも、それができるのも脅威ライブラリが揃っていればこそである。

一方、ESMはRWRと比べると、対象とする周波数の範囲が広い。さまざまな種類のレーダーを対象として逆探知を行ったり、ELINT収集を行ったりするためである。

ESMを装備するプラットフォームというと、まず艦艇が挙げられるが、航空機でもRWRではなくESMと称する機材を載せている事例がある。

対応する周波数の範囲が広いと、受信機だけでなくアンテナにも影響する。アンテナの最適な寸法は、使用する電波の波長によって変化するからだ。広い周波数帯の電波に対応できる、汎用性のあるESMアンテナを作らなければならないので、これは難易度が高い仕事になる。

RWRとESMのいずれも、複数のアンテナを取り付けて全周をカバーする。また、アンテナごとの受信タイミングの違いを利用して、発信源の方位を突き止める。海上自衛隊の護衛艦みたいに、全周をカバーする無指向性ESMアンテナと、方位を把握するための指向性ESMアンテナを別個に備える事例もある。

| RESMとCESM

水上艦にしろ潜水艦にしろ、自衛のためだけでなくELINT収集の手段としても、ESMは不可欠な存在となる。ときには、ELINTだけでなく通信傍受、つまりCOMINT[11](Communication Intelligence)

※11：COMINT
「コミント」と読む。直訳すると「通信情報」だが、分かりやすくいえば「通信傍受」。敵軍が行っている通信を傍受して内容を知ることで、自軍の作戦行動から、上は国家レベルの戦略策定に至るまで、敵国の裏をかくことができると期待される。そうした事態を妨げるため、通信を行う際には暗号化や符丁の利用といった対策が不可欠になる。

※12：MFEW-AL
通信妨害とレーダー妨害を
兼ねる電子戦システム。最初
にノースロップ・グラマンが
MFEWという電子戦システム
を開発。その後、航空機搭載
を企図したモデル・MFEW-
ALをロッキード・マーティンが
開発した。

収集まで受け持つこともある。

そこで、特に欧州諸国の水上戦闘艦で目立つ傾向だが、レーダー用のESMと通信傍受機材を併設することがある。前者をRESM（Radar ESM）、後者をCESM（Communications ESM）という。

レーダーの妨害と通信の妨害

続いて、電子戦というと真っ先に思い浮かべるであろう「妨害」について取り上げる。業界用語でいうところのECM（Electronic Countermeasures）だが、最近ではEA（Electronic Attack）という言葉も使われている。

レーダーの妨害

ECMによる妨害の対象には「レーダー」と「無線通信」があるが、ECMという言葉を使うのは主として前者で、通信の妨害はCOMJAM（Communication Jamming）という。jamといってもイチゴジャムとは関係なくて、「麻痺させる」「動かなくする」という意味の方だ。そういえば、自動小銃や機関銃の弾詰まりも道路の渋滞もジャムという。

多くの場合、通信妨害用の機材とレーダー妨害用の機材は別々に用意するが、ロッキード・マーティンが米陸軍向けに開発しているMFEW-AL[12]（Multi-Function Electronic Warfare - Air Large）みたいに、ひとつの機材で両方の妨害を行えるものもある。

レーダーを妨害する方法については、すでにいくつか例を挙げた。複数の手法の中から最適な選択肢を選んで実行するのが、ECM装置の仕事。すると、周波数やパルス幅やパルス繰り返し数を自由自在に変えながら強力な電波を出す、そういうメカが必要になるとわかる。

しかし、周波数やパルス幅やパルス繰り返し数の設定あるいは変化を人手に頼って実現するのは限界がある。敵のレーダーが発する電波の受信〜解析〜妨害まで、コンピュータ制御で自動的にやる方が確実であろう。ただし、それを実現するのは簡単な仕事ではない。

贋反射波の送信とDRFM

そこで近年、電子戦に関わる製品を手掛けているメーカーがこぞって活用しているのが、DRFM (Digital Radio Frequency Memory)。まず敵レーダーが発する電波を受信して、それをデジタル化して解析・記憶する。その情報に基づいて、適切な妨害波を設定・送信する。

たとえば、DRFMが「受信した電波は周波数が8.81GHzで、パルス繰り返し数は秒間〇〇、パルス幅は△△」といった情報を持っていれば、後は「どういう妨害を仕掛けるか」という方針（妨害モード）を選択することで、どういう妨害波を出すかが決まる。

また、移動しながら敵レーダーの電波を受信し続けることで、敵レーダーの方位変化がわかる。すると幾何学的計算により、敵レーダーまでの距離を割り出せるというわけだ。

そして敵レーダーまでの距離がわかれば、敵レーダーが出した電波を受信したタイミングから逆算して、敵レーダーがいつ送信したかがわかる。それがわかれば、贋の反射波を生成するための妨害波を出すタイミングも計算できる。

周波数にしても、どれぐらいごまかすかが決まれば、どの程度のドップラー・シフトを与えた妨害波を出すかを計算できる。

こういうプロセスをコンピュータ処理によって自動的に行えれば、電子戦の効率的な遂行が可能になる理屈。だが、あまりにも実情とかけ離れた妨害をすると、却って疑われる。自機が敵レーダーに捉えられた後で、徐々に変数を変えながら妨害波を出して、贋目標が実際の位置から少しずつ離れていくようにするのが良さそうではある。

レオナルドの「ブライトクラウド」。チャフ/フレア・ディスペンサーから投射する図だが、この中にDRFMを利用する妨害送信機が組み込まれており、10秒間の作動が可能。角形と丸形があるのは、異なる種類のディスペンサーに対応するためで、機能は同じ

スポット・ジャミングとバラージ・ジャミング

　それと比べると、強力な妨害電波をぶちかまして目つぶしを食わせる方法の方が、わかりやすい力業であり、実現しやすそうに見える。しかし、これはこれで考えなければならない問題がある。

　レーダーが送信する電波の周波数は、いわゆる周波数帯の中のごく一部、狭い範囲でしかない。そこを狙って、特定の周波数帯に的を絞った妨害電波を発するのがスポット・ジャミングである。

　スポット・ジャミングを仕掛けるには、敵レーダーが使用している電波の周波数を調べなければならない。だから、まず敵レーダーが作動しており、かつ、それを解析できる手段が手元にあることが前提になる。その代わり、後述するバーンスルーのような問題は相対的に起きにくくなる。

　スポット・ジャミングをかけられた側は周波数を変えて妨害を切り抜けようとするから、妨害側は新たな周波数の電波を検知して、妨害波の周波数を変えなければならない。

　それに対して、敵のレーダーが使いそうな周波数帯に対して、広く投網をかけるようにして妨害電波を発するのが、バラージ・ジャミング。バラージ・ジャミングは投網をかけるわけだから、敵レーダーが作動していなくても、とりあえず先制妨害を仕掛けることができる。また、いちいち敵レーダーの電波を傍受して解析する手間もかからない。

　その代わり、限られた送信出力を広い周波数帯に分散させることになるので、敵レーダーの出力が妨害電波を上回ってしまい、妨害を突破されることもある。これがいわゆるバーンスルーである。また、敵

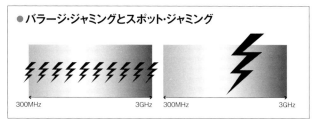

●バラージ・ジャミングとスポット・ジャミング

300MHz　　　　　　　　3GHz　　300MHz　　　　　　　　3GHz

バラージ・ジャミング（左）とスポット・ジャミング（右）のイメージ。バラージ・ジャミングは、広い周波数範囲に対して投網をかけるように妨害する。カバーできる周波数の幅は広いが、個々の周波数ごとの妨害パワーは落ちる。スポット・ジャミングは、特定の周波数を狙い撃ちする。当たればパワーを集中できる分だけ妨害効果が上がるが、外れると効果がなくなる

レーダーと探知目標の距離が近い場合にも、反射波が充分な強度を保ったままレーダーのところまで戻っていく可能性が高くなるので、そうなると妨害の効果が薄れてしまう。

※13：コロナ作戦
第二次世界大戦中に英空軍が実施した、一種の通信妨害。ドイツ軍の管制官が飛行中の戦闘機との間で行う無線通信に割り込んで、ニセの交信で混乱させることを企図した。

通信の妨害

　もうひとつの電子戦が、先にも触れた通信妨害（COMJAM）である。こちらもやはり、「力任せの妨害」と「贋電波による妨害」があるが、とりあえず通信が不可能になれば用は足りるので、力任せの妨害で済む場合が多そうだ。

　軍事作戦では無線通信に頼る割合が高い。飛行機や艦船は移動しているから無線を使うしかないし、陸戦でもいちいち電線を架設して回るような迂遠な真似はしていられないので、やはり無線が主体になる。そして有線通信と比べると無線通信は妨害されやすい。もちろん傍受もされやすい。

　第二次世界大戦中にイギリス軍が、ドイツ軍が防空戦闘機を管制するために用いる無線通信を邪魔しようとして、「コロナ作戦」※13なるものを発動したことがある。単に、ドイツ軍が使用する無線を聴き取れないように妨害するというものではない。

　コロナ作戦のキモは、ドイツ軍の通信にイギリス軍の無線手が割り込んで、贋の指令を発するところにある。たとえば、イギリス軍の爆撃機が（南部の）ミュンヘンに向かっているのに、「（北部の）ハンブルクに爆撃機が向かっているから、そちらに行って迎撃せよ」と偽交信をやる。当然、そういう偽交信が割り込んでくれば、ドイツ軍の管制官は仕事にならなくなる。すると、ときにはこんなことも起きそうである。

独無線手：待機中の夜間戦闘機隊に告ぐ。敵爆撃機がミュンヘンに向かっているので、そちらに向かって迎撃せよ

英無線手：待機中の夜間戦闘機隊に告ぐ。敵爆撃機がベルリンに向かっているので、そちらに向かって迎撃せよ

独無線手：そうじゃない、行先はミュンヘンだ!!

英無線手：今の指令はイギリス軍が発した贋物だ。敵爆撃機が向かっている先はベルリンだ!!!

独無線手：そうじゃない、贋物はそっちだ!!!!

英無線手：イギリス軍がウソを言っているが相手にするな!!!!!

　と、本当にこんな会話があったかどうかは知らないが、それに近い状況は発生したようである。

　これも一種の電子戦に違いはないのだが、割り込みをかけるには敵軍のそれに周波数や変調方式を合わせた無線機を用意しなければならないし、敵軍の無線交信規則や言葉遣いも承知しておく必要があるので、実際にこういう作戦をやるのはハードルが高い。もちろん、敵軍の言語を流暢に操れなければ話にならない。ドイツ軍が対抗手段として女性の管制官を投入したら、イギリス軍もそれを見越して女性の妨害担当者を用意していたというから面白い。

　ちなみに、電子戦ではなく情報戦（IO：Information Warfare）の範疇に属する話だが、実際には存在しない味方部隊のふりをして贋の通信を発することで、いないはずの部隊がいるように見せかける「偽電作戦」という手口がある。本物はどこか別の場所で重要な任務に就いていて、それを隠蔽しようとしたときに使う手だ。

電子戦のプラットフォーム

　これまで、電子戦に関する話をいろいろ書いてきた。ここまでは個別の手法の話だったが、次は、それを何に載せてどのように実行するか、という話になる。

自衛用の電子戦と護衛用の電子戦

　電子戦装備を使用する場面は、大きく分けると二つある。「我が身を守るための電子戦」と「仲間を護るための電子戦」である。これらを遂行するためには事前の情報収集が必要だが、その話は後回しとして、まずはECM（EA）の話から。

　電子戦装置は陸海空のいずれでも用いられるが、陸戦では通信妨害が主たる用途となる。それに対して海空では、ECM（EA）が多用される。

まず艦艇だが、今や敵艦の頭上に敵機が突っ込んで爆弾や魚雷を投下する戦闘は皆無といって良く、普通は対艦ミサイルで攻撃する。それを迎え撃つ艦艇の側は、いかにして対艦ミサイルの飛来を早く知り、それを無力化するかという話になる。その手段のひとつとして、誘導装置の機能を妨げるための電子戦がある。対艦ミサイルの多くは、レーダーを用いて敵艦を捕捉するためである。

　基本的な流れは、「ESMを用いて敵ミサイルが出すレーダー電波を捕捉」「脅威ライブラリと照合して、レーダー（と、それを搭載するミサイル）の機種を判別」「妨害電波の送信やチャフの散布により、ミサイル誘導レーダーを無力化したり騙したり」となる。

　艦艇の脅威となる対艦ミサイルは、どちらから飛来するかわからないから、艦載電子戦装置のアンテナは全周をカバーする必要がある。よくあるのは、左右に1基ずつを設置して半分ずつ受け持つ形態。

　なぜ前後方向ではなく左右両舷に向けるのか。艦艇が大きな面積をさらしているのは両側面に対してであり、前後方向から見たときのシルエットは相対的に小さい（それだけ見つかりにくい）という理由があるからだろう。もちろん、ECMにしろESMにしろ全周をカバーできる設計になっているが、脅威の度合が高いのは横方向だ。

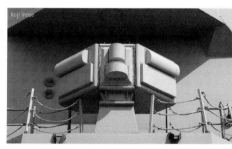

米海軍の水上戦闘艦で広く使われている、AN／SLQ-32電子戦装置。表面に突き出た四角いフェアリングの中にアンテナが入っている（はずだ）

こちらは新型のAN／SLQ-32（V）6。設置場所は同じで、サイズも似たり寄ったり。外見からすると、フェーズド・アレイ・アンテナを使用しているのだろうか

　こうした自衛のための電子戦は、戦闘機や爆撃機でも同様に行われる。ただし脅威の対象が、戦闘機や対空ミサイルに変わる。また、妨害の対象はミサイルの誘導レーダーだけでなく、ミサイルのための目標捜索・射撃指揮を受け持つ地上・艦上・機上のレーダーにも広がる。基本的な流れは、艦艇における自衛のための電子戦と似ている。

　ところが航空戦の場合、我が身を護るための電子戦だけでなく、仲間を護るための電子戦という形態もある。つまり、先にも名前が出てきたEA-18Gみたいな専業電子戦機の出現である。

　情報収集と識別、そして妨害といった任務を果たすために必要な機材一式を揃えれば、それは相応に大がかりなものになるので、専用の機体を用意しなければ納まらない。また、特に妨害波の送信ではパワーが不可欠であり、強力な発電能力が求められる。そのことも、専業電子戦機の出現につながっている。

　その専業電子戦機が、敵地に突っ込む戦闘機や爆撃機に随伴しながら電子戦を仕掛けるのが、エスコート・ジャミング。これをやるには、戦闘機や爆撃機と同等の飛行性能が求められるので、EA-18Gみたいに戦闘機をベースにして所要の機材を載せるのが一般的だ。

　対して、敵地に突っ込む戦闘機や爆撃機の後方から電子戦を仕掛ける、スタンドオフ・ジャミングという形態もある。自ら敵地に突っ込むわけではないので、戦闘機や爆撃機と同等の飛行性能は求められないが、一方で、送信元と敵レーダーの距離が開く分だけ高い送信出力が必要になる。そこで、大型の爆撃機や輸送機を改造して電子戦機に仕立てることになる。

専業電子戦機とECMO

　敵軍のレーダーや通信に対して妨害をかけるといっても、単に適当な妨害電波を出していればよいというものではない。敵軍が使っているレーダーや通信に合わせた周波数で、適切な妨害をかけなければ効果が出ない。

　また、のべつまくなしに妨害電波を出しっぱなしにしていたら、今度は敵軍の側からジャミング誘導モードにセットしたミサイルが飛ん

でくる。つまり妨害電波の発信源に向けてミサイルが飛んでくるわけ
で、それでは貴重な電子戦機が撃ち落とされてしまう。

　だから、敵軍がレーダーや通信を作動させているかどうか、作動さ
せた場合には周波数などのパラメータがどうなっているか、といった
ことを調べて、適切な場所とタイミングで、適切な妨害モードを選ん
で妨害をかけなければならない。それに対して敵軍が対策をかけて
きたら、それを受けて妨害モードを変える必要もある。

　そういう、複雑で相応の知識と経験も求められる操作を完全に自
動化するのは簡単ではない。そこで電子戦機では、操縦を担当する
パイロットとは別に、電子戦専門のオペレーターを乗せるのが通例で
ある。たとえば米海軍や米海兵隊で使っていたEA-6Bプラウラーで
は、パイロット1名に対して電子戦担当士官（ECMO※14：ECM Of-
ficer）は3人も乗っていた。ところが自動化が進んだことで、後任の
EA-18GはECMOを1人だけ乗せて済ませるようになった。

※14：ECMO
電子戦担当士官と訳す。E
A-6BやEA-18Gといった電
子戦機に搭乗して、電子戦
機器の操作を専門に受け持
つ搭乗員のこと。状況に合
わせて最適な妨害手段を選
び、実行するのが仕事で、熟
練を要する。

米海軍や米海兵隊で
過去に運用していた、
EA-6Bプラウラー電
子戦機。左右に2人
ずつ並んで前後に座
る4人乗りで、左前が
パイロット、他が
ECMOの席

米空軍が過去に運用
していたEF-111Aレイ
ヴン電子戦機。電子
戦機材は基本的に
EA-6Bのものと共通し
ている

　もっと大型の機体を使えば、搭載できる人も機材も増えるのだが、
あまり機体が大型化すると鈍重になり、速度性能も落ちるので、スタ
ンドオフ・ジャミング専用機になってしまう。

▍味方を妨害しないための配慮

　電子戦にはひとつ、厄介な話がある。

　電波は敵味方の区別をつけてくれない。だから、ECMを仕掛けたときに、味方のレーダーや通信まで妨害してしまう可能性があるのだ。特にバラージ・ジャミングでは対象となる周波数範囲が広いから、その範囲内の電波を使用するレーダーや通信機は、敵だろうが味方だろうがお構いなしに妨害されてしまう。

　そもそも同じ物理法則に則っているのだから、同じような用途に使用するレーダーや通信機器は、同じような周波数帯の電波を使用することが多い。したがって、敵を妨害するつもりが味方まで巻き添えを食ってしまった、ということはおおいにあり得る。

　もちろん、味方が使用するレーダーや通信機の電波の周波数を、敵が使用するそれと重複しないように調整しておいて、敵が使用する周波数帯に的を絞ってスポット・ジャミングを仕掛けられるのであれば、その方がよろしい。しかし、敵がECCM（Electronic Counter Countermeasures、妨害対処）のために周波数変換を行った結果として、味方が使用している周波数と重なってしまうこともあり得る。

　その場合にどう対応するか。たとえば、妨害電波を四方八方に発信するのではなく、ある程度の指向性を持たせておいて、発信源に向けて狙い撃ちするように妨害電波をぶつける手がある。

　実際、最近の航空機搭載用電子戦装置では、送信用のアンテナをフェーズド・アレイ化して、送信するビームの方向を自在かつ敏速に変えられるようにする事例が出てきている。機械的に向きを変えるアンテナでも同じことはできるが、フェーズド・アレイ・アンテナの方が動きが速い。また、同時に複数の方向に対処するにも具合が良い。

　また、味方の通信を邪魔しないようにするシステムを備えている例もある。たとえば、米海軍の電子戦機・EA-18GグラウラーにはCN-1717/A　INCANS（Interference Cancellation System）という機材が載っていて、味方のレーダーや通信を邪魔しないように、ECM装置をコントロールする。

　ちなみに、EA-18Gみたいな専任の電子戦機になると、妨害に使用する機材だけでなく、その前段として敵のレーダーや通信機の電

波を解析する機能も充実している。EA-18Gの場合、その用途のためにAN/ALQ-218（V）2戦術妨害受信機（TJR：Tactical Jamming Receiver。ノースロップ・グラマン製）という機材を積んでいて、そのためのアンテナが両翼端に収められている。

アメリカ海軍の電子戦機EA-18Gグラウラー。複座型の艦上戦闘機F／A-18Fの派生型である

　EA-18GはF/A-18Fスーパーホーネットがベースだが、このAN/ALQ-218（V）2のアンテナを収めた翼端のフェアリングは、F/A-18Fと区別する上での重要な識別点である。

　EA-18Gで面白いのは、妨害装置を機内搭載にしないで、主翼の下に吊したポッドに収めているところ。あらゆる用途に対応できる妨害装置をすべて機内に搭載すると場所をとるが、ポッド式にすれば、状況に合わせて必要なものだけを選んで持って行ける。また、機器の改良や更新が必要になったときにも容易に対応できる。

　その代わり、空気抵抗は増えるし、ステルス性も何もあったものではない。もっとも、電子戦機は自ら妨害電波をガンガン出すので、ステルス性を持たせることにどこまで戦術的な意味があるのかはわからない。

　ともあれ、EA-18Gは専任の電子戦機だけに、「探知〜識別〜妨害」というワークフローを単独でこなせるだけの道具立てを揃えているわけだ。

EA-18Gグラウラーの翼端に取り付けられている、AN/ALQ-218（V）2のアンテナ・フェアリング

EA-18Gグラウラーの翼下に吊されたジャミング・ポッド。これはEA-6Bから引き継いだAN／ALQ-99だが、後任となるNGJ（次世代ジャマー）の開発が進んでいる

ノウハウのソフトウェア化

　ECMOの数を減らして自動化するためには、ECMOの訓練や経験をソフトウェア化してコンピュータに教え込む必要がある。とはいえ、ECMOの仕事を全面的にコンピュータ化できるわけではない。軍用機のミッションは多かれ少なかれ「出たとこ勝負」のところがあるが、電子戦も例外ではない。

　こちらが妨害を仕掛けたときに、敵軍がどういう対応をしてくるかは「相手次第」だから、決まり切った対応をしているだけでは仕事にならない。相手の動向に合わせて、「経験の引き出し」に基づいて最適な対処を行わなければならない。

　そうなると今後は、ECMOの経験や訓練をコンピュータに学習させるために、人工知能（AI）や機械学習（ML：Machine Learning）を活用する可能性がある。しかし、AIに何かを学習させようとすれば、まず質の高い学習データがなければ始まらない。

妨害に立ち向かう手段

　武器の世界はたいてい「矛と盾」の関係が存在する。ここまで、電子戦の構成要素として情報収集（ESMまたはES）、それと妨害（ECMまたはEA）について取り上げてきた。次は、残る要素である妨害への対処、すなわちECCMである。近年ではEP（Electronic Protection）ともいう。

周波数変換による対処

　ECMへの対抗策をECCMという。ECCMによってECMを切り抜けようとすれば、ECMを仕掛けている側は手を変えて妨害を仕掛けることになるが、それをわざわざECCCM（Electronic Counter Counter Countermeasures）なんていうことはない。それでは無限ループになってしまうので、「ECMと、それに対するECCM」だけで終わりである。それはそれとして。

　先に、レーダーを妨害する場合の周波数選択として「広い周波数帯をカバーするバラージ・ジャミング」と「特定の周波数を狙い撃ちするスポット・ジャミング」がある、という話を書いた。

　バラージ・ジャミングの場合、広い周波数帯に渡って投網をかけるように妨害を仕掛けるわけだから、妨害を受けた側は、パワーにモノをいわせたバーンスルーを期待する。もちろん、妨害電波の出力や、妨害側・被妨害側の距離に依存する部分もあるが。

　一方のスポット・ジャミングの場合、妨害を受けたときに周波数を変換すれば、妨害電波が出ていない周波数に逃げられる可能性がある。では、妨害を仕掛けた側はどうするかというと、相手が周波数変換を行ったら、それを迅速に察知して、また変換後の周波数で妨害電波を出す。すると今度は、妨害を受けた側がまた周波数を変換して、以後はどちらかが根負けするまで無限ループとなる。

　この、相手の周波数変換に追従する形で妨害電波の周波数を変えながらスポット・ジャミングを仕掛ける形態を、特にスイープ・ジャミングと呼ぶ。ECMとECCMのいたちごっことなる。

複数レーダーの連携による対処

　ECMの手法としては、前述したように「嘘をつく」方法もある。贋の反射波によって、実際とは異なる距離・方位にターゲットが存在すると思わせる等の手法がある。

　ただし、敵レーダーが1基だけならこの方法で騙せるが、複数の敵レーダーがあり、かつ、それらの情報を融合する仕組みがあると、話が難しくなってくる。なぜかというと、複数の敵レーダーに対して同時

※15：分散海洋作戦
米海軍が推進している新た
な戦闘概念。各種の艦がま
とまって「艦隊」を構成する代
わりに、広い範囲に分散し
て、敵側に捜索・交戦の負
担を強いる狙いがある。それ
とともに、分散展開した艦艇
や航空機をネットワーク化に
よって連携させて、物理的に
は分散していても戦闘は協調
させる考え。

に、しかもそれぞれの間で矛盾が生じないようにウソをつかなければ
ならないからだ。

また、複数の敵レーダーに対して同時にウソをついて騙す方法を
成立させるためには、存在する敵レーダーの所在をすべて把握して
いなければならない。騙し漏れが発生すると、そこからウソが露見す
る。

立場を逆にすれば、複数のレーダーをネットワーク化して探知情報
を融合する、一元的な防空指揮管制システムを構築すること自体、
「騙し」に強くなる可能性につながる、といえる。無論、実際には各種
の電子戦手法が同時並行的に使われるだろうから、これだけで敵の
電子戦に打ち勝てる、という単純な話ではないが。

また、「防空指揮管制システムの下に複数のレーダーを配して探
知情報をとりまとめる」形だけでなく、レーダー同士を直接、連携させ
る手法もある。その一例が、レイセオン（現在はRTX社のレイセオン
部門）が手掛けているADR(Advanced Distributed Radar)。直訳
すると「先進分散レーダー」となる。

もともと、先にも名前が出てきたAN/SPY-6 (V) 向けに開発した
技術で、米海軍が推進している分散海洋作戦[15]（DMO：Distrib-
uted Maritime Operations）と関係がある。複数の艦艇がまとまっ
て行動するのではなく、広い範囲に分散して、かつ、互いにネットワー
クで接続して情報や指揮を共有するとの思想だ。

それなら、搭載するセンサーで得た探知情報も、個艦で完結する
のではなく、ネットワークに載せてしまうのがよい。そうすることで、同
一の探知目標を複数の方向から見ることができるし、艦艇を分散さ
せることでレーダーの覆域を広げるメリットも得られる。

LPIレーダーとスペクトラム拡散通信

敵（または仮想敵）がELINT収集、あるいは戦時にレーダー電波
の逆探知を企てるのであれば、傍受や逆探知が困難になるレーダー
は作れないか、という発想が出てくるのは当然の帰結といえる。しか
し、レーダーは電波を出さなければ探知ができない。レーダーに「電

波を出すな」というのは「仕事をするな」と同義である。もちろん、EMCON[※16]（Emission Control）といって、敵に探知されないように意図的に電波の送信を止める場面はあるが。

その、電波の逆探知を困難にする仕組みを取り入れたレーダーのことを、LPI（Low Probability of Intercept）レーダーという。具体的にはどのようにして実現するか。そこでスペクトラム拡散[※17]（SS：Spread Spectrum）通信の応用が考えられる。

直接拡散

まず、直接拡散（DS：Direct Sequence）という手法がある。基本的な考え方は、「上流から水で薄めたインクを川に流して、それを下流で回収して元のインクだけを回収する」といった風体。そんな器用なことができるのか。

そこで「拡散符号」というビット列[※18]を使う。これを用いた計算処理により、たとえば1MHzの帯域幅を用いる電波のやりとりを、100倍にあたる100MHz幅に「薄めて」送信する。理屈の上では、同じ1MHzの幅における信号電圧は1/100に減るはずである。それを受信する側では、送信側と同じ拡散符号を用いて、元のシグナルを復元する。同じ拡散符号を持っていなければ、元のシグナルは復元できない。

実はこれ、IEEE802.11[※19]無線LANで用いられている、とても身近な技術である。

周波数ホッピング

もうひとつが周波数ホッピング（FH：Frequency Hopping）。こちらは、特定の周波数に固定して電波を出す代わりに、周波数を高速で次々に切り替えながら送信する。その周波数変化のことをホッピング・パターンというが、送信側と受信側で同じホッピング・パターンを持っていれば、受信側は送信側に追従して受信を継続できる理屈となる。

正しいホッピング・パターンを知らず、特定の周波数帯で聞き耳を

※16：EMCON
電波放射管制と訳される。レーダーや通信機器の仕様を制限して電波を出さないようにすることで、逆探知による被探知を避ける狙いで発令する。主として海軍で用いられる用語。

※17：スペクトラム拡散通信
狭い周波数で強い電波を出して通信する代わりに、広い周波数範囲に「薄めて」電波をやりとりする無線通信技術の総称。干渉や妨害、傍受に強くする狙いで用いられる。

※18：ビット列
デジタル化した情報を構成する、「1」と「0」の並びのこと。

※19：IEEE802.11
米国電気電子技術者学会（IEEE）で定めている標準化仕様のひとつで、無線LANを対象としている。ちなみに、有線LANのイーサネットはIEEE802.3。

※20：リンク16
西側諸国で標準的に用いられている戦術データリンク。味方の位置や状況に加えて、捕捉・追尾している敵の位置や動向に関する情報を、ネットワークを介してやりとりしながら共有する。これにより、ネットワークに参加している全員が、同じ状況を見ることができる。ただし、リアルタイム更新とはいかず、若干の遅延はある（通信速度は毎秒数キロビット）。リンク16はUHF無線通信が基本だが、衛星通信を利用して遠方までデータを届ける仕組みもある。

立てていても、シグナルは一瞬しか入らない。送信側が周波数をコロコロ変えるからだ。

こちらも実は身近なところで使われていて、それがBluetoothである。軍用ではレーダーだけでなく無線通信でも多用されており、その一例がリンク16戦術データリンク[20]である。

傍受だけでなく妨害にも効く

実は、LPIレーダーは傍受だけでなく妨害に強くなる可能性もあると考えられる。なぜかというと、特定の周波数帯に狙いを定めて妨害波を出しても、対象となる側は広い周波数帯に拡散させていたり（直接拡散の場合）、使用する周波数を次々に変えたり（周波数ホッピングの場合）しているので、妨害電波の影響は瞬間的にしか生じない。

もちろん、妨害側が周波数の範囲を広げてバラージ・ジャミングを仕掛ける手もあるが、これはこれで妨害波を広く薄めて送信することになるから、個々の周波数帯で見ると威力が落ちる。

実は、妨害に強いということは混信に強いということでもあり、それが、無線LANやBluetoothでスペクトラム拡散通信が用いられる理由になっている。

Koji Inoue

第5部
レーダーと電子戦にまつわる四方山話

ここまでは、どちらかというと「お堅い」話が続いてしまったので、
最後に、レーダーや電子戦にまつわる四方山話をいろいろまとめて、〆に代えたい。

※1：300MHz〜1GHz
本来、UHFの周波数は300
MHz〜3GHzだが、電子戦
の世界では1GHzまでで区切
っているのでこうなる。

電子情報収集の手段いろいろ

効果的な電子戦を遂行するためにはELINTの収集が不可欠だ
が、それをどのように実現するか。つまり「ELINT収集用の機材」だ
けでなく、それを載せるプラットフォームも問題になってくる。

電子情報収集のプラットフォーム

航空自衛隊の戦闘機がスクランブルに上がる対象は、戦闘機や爆
撃機だけとは限らない。むしろ、情報収集機の方が嫌な存在だ。こち
らがスクランブルに上がってレーダーや無線機を使うと、その情報を
盗られる可能性があるからだ。というと正しくない。むしろ、ELINT
の収集を目的として、わざと日本の領空に飛行機を接近させるという
方が正しい。

地上に設置する傍受施設は「不動産」だから、特定の国、特定の
地域しかカバーできない。その点、航空機なら必要とされるところに
サッと出張って行ってELINT収集任務に従事できる。

米陸軍のRC-12電
子情報収集機。機体
のあちこちからアンテナ
が突き出ていたり、翼
端にアンテナ・フェアリ
ング（アンテナ覆い）
が付いていたりして、見
るからに怪しい

さて、電子情報を収集するには受信機とアンテナが必要である。と
ころが、最初から用途が決まっているレーダーや通信機器と異なり、
ELINT用の受信機はさまざまな種類の電波を対象にしている。周波
数の違いだけでなく、変調方式の違いも関わってくる。

特にアンテナの場合、カバーすべき周波数の範囲が広いことが話
を難しくしている。通信傍受だけなら、VHF（30〜300MHz）やUHF
（300MHz〜1GHz[※1]）を使用することが多いから、それに合わせれ

ばいい。ところがレーダーは話が違う。

　一般的には、レーダーは通信機よりも高いLバンド以上、つまり1GHzを超える周波数を使用することが多い。ところが、レーダーによってはVHFやUHFを使用しているものもある。たとえば、E-2Dアドバンスト・ホークアイをはじめとするE-2早期警戒機の一族はUHFレーダーを積んでいる。ロシアや中国では、VHFを使用する対空捜索レーダーをいろいろ作っている。

　また、物理的なカバー範囲の問題もある。傍受すべき電波がどこから飛んでくるかわからないから、全周をカバーできるようにした上で、発信源の方位を突き止める仕組みを備える。そういうアンテナが必要になる。

　解決策としては、複数のアンテナを用意して、受信の際に発生する位相差を使って発信源の方位を割り出す方法がある。航空機なら胴体の四隅や左右の主翼、水上艦ならマストの周囲、といった具合に複数のアンテナを取り付ける場所を確保できる。

ツェッペリン飛行船で情報収集

　第二次世界大戦が始まった1939年9月よりも、少し前の話。

　前述したように、イギリスは自国の防空のため、CHレーダーのネットワークを構築した。ばかでかい鉄塔が海岸線沿いにいくつも出現したから、当然ながらドイツ軍は怪しんだ。そこで「これはレーダーではないか？」ということで、情報を盗ろうと考えた。自国でもレーダーを開発・配備していたから、イギリスが同じことをしていても不思議はない。

　地上に傍受施設を置いてもよいし、実際、そういう事例は第二次世界大戦の頃から現在までずっと続いている。しかし、より遠方、より広い範囲をカバーしようとすれば、傍受に使うプラットフォームは高いところに置く方がいい。

　そこでなんと、少しだけ残っていたツェッペリン飛行船を引っ張り出して、所要の受信機などを積み込んで飛ばしたそうだ。なぜ飛行船かというと「空中に停止して情報を盗れるから」だった。

　一方、イギリス軍のレーダー施設では、いきなりレーダー画面に巨

大なエコーが出現したので、オペレーターが腰を抜かしそうになった。もっとも、たちまち「これは電波情報を盗りに来た飛行船に違いない」と判断したというから立派なものだ。

なお、このときドイツは何も成果を得ることができなかったそうだ。その理由は、自国で開発しているレーダーと同じ周波数帯の受信機を飛行船に載せたため。イギリスのCHレーダーは、ドイツで開発していたレーダーよりも低い周波数の電波を使っていたから、そもそも受信ができなかったのだ。ELINT収集には、広い範囲の周波数帯をカバーできる受信機が必要、ということを身体を張って証明した形である。

結局、ドイツがイギリス軍のレーダーに関する詳細なデータを得られるようになったのは、1940年にフランスを占領して英国海峡沿いに傍受施設を置けるようになった後の話であった。

潜水艦によるELINT収集

一方で、潜水艦をELINT収集に用いる事例も多い。敵地に近寄るには具合が良いし、潜航してしまえば物理的には見えなくなる。ところが、ESMアンテナを設置する話になると、潜水艦には難しさがある。

潜水艦のマストはできるだけ細くまとめないと、水上に突き出したときにたちまち見つかってしまう。しかし、細くまとめたマストに複数のアンテナを付けられるのか、付けたとしても有意な位相差を生じるほどの離隔を確保できるのか、という問題がある。ただ、位置を突き止められなくても、周波数やパルス繰り返し数など、電波そのものに関する情報は手に入る。

前述したように、航空機はサッと出張っていける利点がある。その反面、ひとつところに長く留まることができない。それなら、水上艦が(仮想)敵国の近所に出掛けていって情報収集をやったらどうかということになるが、なにしろ水上に浮かんでいるのだから存在は丸見えである。

その点、潜水艦なら潜航してマストだけ突き出しておけばよいので、その分だけ隠密性は高い。もっとも、情報収集の対象になる側も

そのことは承知の上だから、潜水艦が情報収集に来ていそうだとなったら捜索に血道を上げるし、もしも見つければ狩り立てる。

すでに戦争中の国の艦が相手なら撃沈しようとするだろうが、そうでなければどうするか。たとえば、警告用に(距離を置いて)爆雷を投下したり、ソナーで音波を浴びせたり、複数の水上艦で周囲を取り囲んで雪隠詰めにしたりといった具合になる。

相手が原潜だと雪隠詰めの効果は薄いが、充電のためにときどき浮上してディーゼル・エンジンで充電しなければならない通常潜だと困ったことになる。冷戦期にソ連の近海で情報収集の任務に就いていたら、発見されて散々な目に遭った米海軍の通常潜がいたそうだ。

なお、潜水艦のESM装置は情報収集だけでなく、浮上やシュノーケル航走前の安全確認にも不可欠なものだ。敵の水上艦や哨戒機がいて、捜索レーダーを作動させているところに浮上したり、シュノーケルを突き出したりするのは自殺行為。だから、まずESMで安全を確認する。

電子戦装置をめぐるこぼれ話

レーダーにこぼれ話があれば、電子戦装置にもこぼれ話はいろいろある。各種ウェポン・システムの中でも秘匿度が高いのが電子戦の分野だが、それでも探せばいろいろな話が出てくるものだ。

電子戦装置と輸出規制

航空自衛隊のF-15戦闘機について書かれた本や雑誌などの記事では、お約束のように「電子戦システムはアメリカからの輸出が許可されなかったので国内開発した」という話が出てくる。これが何を意味しているかといえば、電子戦装置はレーダー以上に機微な部分が多い製品ということだ。

単に、それを実現するためのハードウェアに関わる技術が、というだけの話ではない。おそらくはそれ以上に、発信源の識別や妨害に

関わる部分のノウハウが問題になる。そうしたノウハウの多くは実戦を通じて、いわば血であがなう形で得られたものだから、その貴重なノウハウをホイホイと他国に渡すわけにはいかないわけだ。

　そこで、これから本格的に話が動き始める、航空自衛隊のF-15を対象とする近代化改修計画の話になる。過去に行われた近代化改修では国産品の電子戦システムを使用していたが、今度の改修ではAN/ALQ-250 EPAWSS (Eagle Passive/Active Warning Survivability System)を使うことになっている。これは、BAEシステムズが米空軍向けの最新型F-15派生モデル、F-15EXイーグルIIなどに搭載する目的で開発した、最新鋭の電子戦システムだ。ちなみに、名称は「いーぽーず」と読む。もちろん、ESとEAの機能を一体化した統合システムである。その最新鋭の製品について対外輸出を許可したのだから、これはちょっとした事件である。

F-15EXイーグルII。外見はF-15Eと似ているが、ことに電子機器は別物といって良いぐらいに違う

　もうひとつ、電子戦システムというとしばしば出てくるのが、イスラエル空軍機の話。F-15、F-16、F-35とアメリカ製の戦闘機を使い続けているが、搭載システムには自国製の製品がけっこうあり、米空軍向けと同一仕様ではないことが間々ある。

　近隣に敵国がいくつもあり、しばしば実戦に発展しているのがイスラエルだが、それだけに実戦を通じて得られた経験・知見やデータも豊富。自国をとり囲む脅威に合わせて、それに対抗するために積み上げられた「血と経験であがなったデータ」を活かす。そのために、独自の電子戦システムを載せることになるのは当然の展開。

　なにしろ、基本的には全世界同一仕様を建前とするF-35についても、イスラエルだけは同国独自のシステムを載せたF-35Iアディルというモデルを作らせているぐらいだ。そんな横車を押した事例は他

にない。ただし、独自仕様機を作るということは、その独自システムのお守りを自前でやらなければならないということでもあるのだが。

上手にウソをつくということ

　レーダーに対する電子戦のひとつに、「ウソをつく」があるという話は先に書いた。贋の反射波を飛ばすことで、実際には存在しない位置に探知目標がいる、と勘違いさせるわけだ。ところがこれも、言うは易く行うは…というところがある。

　日本列島は東西にも南北にも広がりがあるので、その全体をくまなくカバーするために、航空自衛隊は28ヶ所のレーダーサイトを設置・運用している。ところが、オランダのように国土が狭いと、レーダーサイトは2ヶ所で済んでしまうのだそうだ。ともあれ、レーダーはひとつではなく複数が存在するのが一般的であるし、防空指揮管制システムを構築していれば、それらはネットワーク化されて探知情報を一元管理している。そこが問題である。

　これは先にも少し書いた話だが、「贋の反射波を飛ばして敵レーダーを騙す」。口でいうのは簡単だし、敵レーダーが1基だけなら、なんとかなるかもしれない。では、敵レーダーが複数いて、それらがネットワーク化されて探知情報を一元管理していたら？　どれか1基のレーダーだけ、うまいことウソをついて騙すことができても、他のレーダーによる探知情報との間で矛盾が生じて、ウソがバレる可能性がある。

　それを防ぐためには、存在を把握したすべての敵レーダーに対して、互いに矛盾が生じないように、上手にウソをつかなければならない。すると、「敵レーダーすべての位置と電波情報を正しく知る」「それらに対して、どういうウソをつくかを決める」「その決定に基づいて、個々の敵レーダーに対して適切な贋電波を送信する」というプロセスが必要になる。しかも一瞬ではなく連続して、ウソの内容を適切に変えながら。

　これができないと、たちまち馬脚を現すことになってしまう。実際、B-58ハスラー爆撃機が搭載する自衛用電子戦装置では、このことが問題になった。ウソをつくためのAN/ALQ-15 FT（False Target

Generator)と、本当の探知位置から徐々に贋の反射波を用いて引き離しを行うAN/ALQ-16 RGPO (Range Gate Pull Off) があったが、ウソをつく能力が決定的に不足して使い物にならなくなったのだ。

　その一因は、B-58が高高度を超音速で飛行することで敵防空網を突破しようとしたことにある。高いところを飛ぶということは、それだけ視界範囲内にある敵レーダーが増えるということ。いいかえれば、ウソをつくべき相手が増えるのだ。それらに対して個別に周波数を合わせて贋の反射波を出し、しかも矛盾のない形でウソをつくように送信タイミングを調整しなければならない。そんな難しい仕事をさせるには、1950年代の電子機器は能力が足りなかったのだ。

艦艇と電測兵装をめぐるこぼれ話

「電測兵装」という言葉、一般に広く用いられているとはいいがたい。とはいえ字面を見れば、「電波を使って何かを測るものではないか?」という推定はできる。もっともポピュラーな電測兵装といえばレーダーであるが、電子戦装置も電測兵装に含まれる。

ナントカとアンテナは高いところが好き

　艦艇では、通信、レーダー、電子戦など、さまざまな分野のアンテナを設置している。しかもレーダーが対空用・対水上用・武器管制用とあるし、通信や電子戦もひとつでは済まない。

　用途が違う、さまざまな電測兵装を載せるとなった場合、まず「場所はあるか」を気にするのが一般的な反応だろうか。もちろん、設置スペースがなければ話は始まらないが、ただ漫然と空きスペースを見つけてアンテナを置けば完了、とはいかないところが難しい。

　まず、それぞれ最適な「向き」が違う。衛星通信のアンテナなら、真上ないしはそれに近いところに向けなければならない。通信衛星は頭上の宇宙空間を回っているからだ。すると、頭上が開けた場所に据え付けなければ仕事にならない。

アーレイ・バーク級駆逐艦が3隻並んでいるところを、マストだけ狙った1枚。同じアーレイ・バーク級だが、マストの形状や、そこに取り付けられている電測兵装が異なる様子がわかる

　レーダーなら全周を監視したいから、構造物の陰になるような場所にはアンテナを置きたくない。これは対空・対水上を問わない話だが、対空レーダーでは頭上も開けていないと困る。ときどき、この問題をクリアできずに、同じカテゴリーのアンテナを前後にひとつずつ載せる、なんていう事例も出てくる。

　全周をカバーしないといけないのは、電子戦関連も同じ。ESMは情報収集だけでなく、対艦ミサイルの飛来を知る重要なセンサーでもあるから、死角があれば命取りになる。もちろん妨害を仕掛けるにも、死角があるのは嬉しくない。

　さらに、電波同士の干渉を防ぐ、という問題もある。用途によってそれぞれ電波を出す向きが異なり、使用する電波の周波数帯も異なる。それらが互いに干渉しないように設置しないと、自滅行為となる。

　そして何より問題なのは「ナントカと煙と電測兵装は高いところに登りたがる」ということ。

　以前に、某艦艇専門誌の原稿を書くために、Excelで計算表を作ってみたことがある。レーダーのアンテナ設置高と、探知目標の飛翔高度を基にして、どれぐらいの距離まで探知できるかを求めるという

ロシア海軍のスラバ型ミサイル巡洋艦のアンテナ群。比較対象がないからピンとこないが、特に左手の「トップ・ペア」対空捜索レーダーは、呆れるぐらい大きい

もの。

　たとえば、シースキマー型の対艦ミサイルを想定して探知目標の飛翔高度を5mとした場合、アンテナの設置高が5mなら18.2km、10mなら22.0km、15mなら24.9km、20mなら27.3km、25mなら29.5kmの距離で探知できる、という計算結果になった。意外と差がつくものである。ただしこれは、「見通せる距離がどれぐらい変わるか」という意味なので、レーダーの送信出力みたいな電気的ファクターは考慮に入れていない。

　ともあれ、どのカテゴリーであれ「できるだけ遠方までカバーしたい」というニーズは同じだ。すると電測兵装同士で設置場所をめぐる喧嘩が勃発する。いや、実際に喧嘩するのは担当者だが。

　それに、大きくて重いアンテナを高所に設置すれば、重心が上がる。艦艇は商船以上に復元性、つまり傾いた船体が元の状態に戻る能力に関する要求が厳しい。重心が高くなれば当然ながら、復元性が悪化する。すると「そんな大物を高所に据えるわけにはいかない」という横槍が入る。

　新造艦の設計でもそれだから、すでにある艦の電測兵装を載せ替

えるとなれば、さらに話はややこしい。新造する場合と比べると、設計の自由度が狭まるからだ。ある電測兵装の担当者が「新たに載せるアンテナの死角を作らないためには、この構造物は邪魔なんだけどなー」と思っても、それはすでに何らかの用途があって設けられているものだから、電測兵装担当者の一存で取り払うわけにはいかない。

国によって異なる優先順の思想

　そうした事情を勘案した上で、何を優先的に高所に持っていくか。そこのところで意外と、国によって思想が違うのが面白い。

　見慣れた日米の水上戦闘艦だと、艦橋上部にメインのマストを設置して、最上部にTACAN※2、その下にLink 16や共同交戦能力※3（CEC：Cooperative Engagement Capability）といったデータリンク、その下に対水上レーダーや近距離用のUHF通信機、艦橋直上に対空捜索レーダーや射撃指揮システム、というのが典型的な並べ方だ。

※2：TACAN
陸上あるいは艦上に設置した送信機からUHFの電波を出して、その電波を受信した航空機に対して「送信機の方位と送信機までの距離」が分かるようにする航法支援機器。民間機で使われているＶＯＲと同じ機能だが、ＶＯＲがVHFを使用するのに対して、TACANはUHFを使用する。「タカン」と読む。

※3：共同交戦能力
米海軍が開発・配備している、一種のデータリンク装置。特徴は、そのまま誘導兵器の目標指示に使えるレベルの、高精度かつリアルタイムの探知情報共有を行えるところ。これを利用すると、脅威の接近を早期に知って備えたり、可能な限り遠方で脅威と交戦したりといったことが可能になる。

Koji Inoue

英海軍の23型フリゲート「アーガイル」。最上部の一等地はARTISAN対空捜索レーダーのものになり、その下にESMのアンテナが突き出ている

Koji Inoue

仏海軍のFREMMフリゲート防空型「ロレーヌ」。HERAKLESレーダーを艦橋上部の低い位置に設置して、中間の唯一高いマストはESM が占める。シラキューズ衛星通信用のアンテナ・ドームを前後に振り分けた配置も特徴

ところが、ヨーロッパ諸国の艦を見ると、どうも考え方が違う。英海軍は、レーダーを高いところに置く傾向が強いが、他国ではレーダーの位置を下げて電子戦関連のアンテナを高所に置く事例も見受けられる。

┃ 何事も優先順位付けは必要

お仕事でもなんでも、すべてを最優先するのは不可能な相談で、なにかしらの優先順位付けは必要である。

艦艇におけるアンテナ配置についていえば、どの艦でも、装備するアンテナの陣容は似てくるものだ。用途や、求められる機能・能力が同じであれば、必要とされるアンテナの種類はだいたい決まってくる。

ただ、その中で何を優先するかという話になると、そこで運用環境や思想の違いが出てくる。たぶん、国によっては「これが我が国の伝統で」みたいな話もあるだろう。それに、アンテナそのものの形状、サイズ、重量は多種多様だから、これも優先順位を判断する際に影響

する。前の方で書いたように、「高所に据え付けたいけれども、大き
くて重いからダメ」という類の話である。

　そうしたさまざまな要因を考慮に入れつつ、それぞれの国の設計
者がどんな結論を出しているか。そういう観点から艦艇を眺めてみる
のも、面白いかも知れない。

｜シマリスのほっぺ

　米海軍の水上艦で共通して使われている電子戦装置は、AN /
SLQ-32(V)シリーズ。けっこう歴史のある製品で、脅威の能力向上
や過去の戦訓を受けて、さまざまなアップグレードが行われてきてい
る。その改良計画全体をSEWIP(Surface Electronic Warfare Im-
provement Program)と称する。日本語に逐語訳すると、「水上戦
闘艦の電子戦装置を改良する計画」。

● SEWIP計画の全体像

ブロック	段階的な能力向上	搭載システム名
なし	初期型	AN/SLQ-32
1B1	特定エミッター識別(SEI)	↓
1B2	SEIと表示装置のアップグレード	↓
1B3	高ゲイン・高感度(HGHS)	↓
2	電子支援(ES)の強化	AN/SLQ-32(V)6
2 lite	SWaPに対応したES強化	AN/SLQ-32C(V)6
3	電子攻撃(EA)の強化	AN/SLQ-32(V)7

※このうち最新のものがブロック3

　SEWIPブロック2の下で開発されたのがAN/SLQ-32 (V) 6で、
担当メーカーはロッキード・マーティン。AN/SLQ-32 (V) シリーズ
の中でも初めて、外見が大きく変化した(「図4.16」)。これはアンテ
ナ機材の変更によるものだが、設置スペース自体は大きく変わって
いない。

　それに続く、SEWIPブロック3の下で開発されたのが、AN/SLQ-
32 (V) 7。AN/SLQ-32 (V) 6ではES、つまり傍受・解析の部分を
主として強化したが、AN/SLQ-32 (V) 7ではその続きとして、EAつ
まり妨害の機能を強化する。担当メーカーはノースロップ・グラマン。

　おそらくは妨害用送信機(と、それが使用するアンテナ)を増強し
たためだろう。AN/SLQ-32(V)7では、アンテナ一式を収容する構

AN/SLQ-32

Northrop Grumman

EMD SYSTEM IN BALTIMORE, MD -- MAY 2020

AN/SLQ-32(V)7

US Navy

● AN/SLQ-32(V)7の設置要領

1従来型のAN/SLQ-32を搭載したアーレイ・バーク級駆逐艦。左右に設けた台座にAN/SLQ-32のアンテナを載せている。新たにAN/SLQ-32(V)7を搭載する際は、このスペースをフルに使って**3**のように大きな張り出しを付け加える。**2**はAN/SLQ-32(V)7の技術開発モデル

造物が、それまでのモデルと比べて著しく大型化した。みんなワンセットになっているようで、バラバラにして配置するわけではないようだ。

新規に建造する艦であれば、最初からAN/SLQ-32(V)7の搭載を前提として設計する余地があるから、きれいに収めることができると期待したい。ところが、AN/SLQ-32(V)7を最初に導入するのは既存のアーレイ・バーク級駆逐艦。そしてこのクラス、艦橋構造物の左右両側面に電子戦関連のアンテナを取り付ける設計になっている。

設置する場所と、利用できるスペースは最初から決まっている中で、大幅に大型化したAN/SLQ-32(V)7のアンテナ一式を取り付けなければならない。さてどうする。

結局、もともと従来版のAN/SLQ-32(V)3が載っていたスペースに、AN/SLQ-32(V)7用の大型化した構造物をくっつけた。その結果、追加された構造物が両側面に張り出して、船体の全幅を越える有様となった。おかげで「親知らずが腫れたみたい」「シマリスのほっぺ(chipmunk cheeks)」「頬袋にひまわりの種を詰め込んだハムスター」「デカ耳」などと、もう言われ放題。

もっとも、設計した側も悩んだところだろう。電子戦装置の視界を確保できる場所で、かつ、既存の構造物になるべく影響しない場所。もちろん、AN/SPY-1D(V)レーダーをはじめとする既存の電測兵装と干渉しない場所。改造のしやすさや、設置後の整備性も考えな

ければならない。となると、他の選択肢を思いつかない。

　そしてよく見ると、AN/SLQ-32(V)7のアンテナ・フェイスを取り付けた構造物表面の角度は、隣接するAN/SPY-1D(V)レーダーの構造物と面一に揃えられている。また、真正面から見ると、側面の傾斜角も既存の上部構造物と揃えられている。つまり、対レーダー・ステルスの観点から悪影響を生じないように配慮した設計になっているように見受けられる。

　とはいえ、ネガがないわけではないだろう。艦橋両側面のウィング直下にデカい張り出しができたので、艦橋ウィングからは下方が見にくくなった。すると、接岸時の操艦指揮がやりづらくならないだろうか。しかも、新設した構造物は前述したように舷側より外側にはみ出している。

　もっとも、見づらいのは真下だけで前後は見えそうだから、舷側と岸壁の間隔がまったくわからないことはないと思われる（その辺は運用側からのインプットがあってしかるべき）。それに普通、艦を岸壁に横付けするときには、艦と岸壁の間に防舷材を入れるものだ。ことに、ステルス設計を取り入れた近年の水上戦闘艦は舷側が傾斜しているから、防舷材を挟まないと舷側上部を岸壁にぶつけてしまう。

索引

軍用レーダー
わかりやすい防衛テクノロジー

2024年3月1日　初版発行

●著者	井上孝司
●カバー絵	竹野陽香（Art Studio 陽香）
●装丁・本文デザイン	橋岡俊平（WINFANWORKS）
●編集	ミリタリー企画編集部
●発行人	山手章弘
●発行所	イカロス出版株式会社
	〒101-0051 東京都千代田区神田神保町1-105
	https://www.ikaros.jp/
	出版営業部
	sales@ikaros.co.jp
	FAX 03-6837-4671
	編集部
	mil_k@ikaros.co.jp
	FAX 03-6837-4674
●印刷・製本	日経印刷株式会社